电子技术基础
学习指导与练习

主　编　陈朝菊

副主编　鲁铭琼

電子工業出版社

Publishing House of Electronics Industry

北京・BEIJING

内 容 简 介

本书按照以章节罗列知识点并搭配相应练习题的思路编写，完全符合重庆市中职对口高考的考纲要求，非常适合需要参加电子技术类对口高考的学生用来辅助练习，可以帮助学生更好地学习和理解教材内容，巩固理论知识点。

本书参照高考参考教材《电子技术基础与技能》中的章节安排进行编写，分为二极管及直流稳压电源、三极管及放大电路基础、常用放大器和数字电路基础四个单元。

本书既可用作教师教学的参考书，又可用作中职电类专业一年级《电子技术基础与技能》的配套练习册，也可作为中职电类专业升学备考复习资料。

未经许可，不得以任何方式复制或抄袭本书之部分或全部内容。
版权所有，侵权必究。

图书在版编目（CIP）数据

电子技术基础学习指导与练习 / 陈朝菊主编. —北京：电子工业出版社，2021.8

ISBN 978-7-121-41783-2

Ⅰ. ①电… Ⅱ. ①陈… Ⅲ. ①电子技术—中等专业学校—教学参考资料 Ⅳ. ①TN

中国版本图书馆 CIP 数据核字（2021）第 163017 号

责任编辑：潘　娅　　特约编辑：田学清
印　　刷：北京七彩京通数码快印有限公司
装　　订：北京七彩京通数码快印有限公司
出版发行：电子工业出版社
　　　　　北京市海淀区万寿路 173 信箱　邮编　100036
开　　本：787×1 092　1/16　印张：12.25　字数：313.6 千字
版　　次：2021 年 8 月第 1 版
印　　次：2024 年 8 月第 5 次印刷
定　　价：35.00 元

凡所购买电子工业出版社图书有缺损问题，请向购买书店调换。若书店售缺，请与本社发行部联系，联系及邮购电话：（010）88254888，88258888。

质量投诉请发邮件至 zlts@phei.com.cn，盗版侵权举报请发邮件至 dbqq@phei.com.cn。

本书咨询联系方式：（010）88254617，luomn@phei.com.cn。

前　　言

“职教高考”制度的实施，打通了职业教育升学“立交桥”，越来越多的中职学生通过职教高考升入优质专科、本科高校。目前，职教高考多采取“文化素质+职业技能”的春考模式，考试内容涉及的课程多、容量大，如重庆市电子技术类专业的职业技能就涵盖了“电工基础”“电子技术基础”“电子测量仪器”三门课程的内容。为提升电子技术类专业中“电子技术基础”课程教学的针对性，我们总结了多年来在“电子技术基础”课程教学中的备考经验，以重庆市高职分类考试、电子技术类专业考试说明为依据，系统梳理各单元的知识结构和内容要求，详细分析高考真题和典型例题，精选海量练习题，组建综合检测卷，通过系统构建考点知识结构、精选细评典型例题、强化练习高频题型等方面撰写了本书。

根据重庆市 2021 年电子技术类专业考试说明及“电子技术基础”课程的要求，将“电子技术基础”的知识内容分为二极管及直流稳压电源、三极管及放大电路基础、常用放大器和数字电路基础四个单元，每个单元都包括知识框架、考纲要求、知识要点、典例解析、同步精练五个模块，重点对以下四个模块进行介绍。

知识框架：构建知识框架是一种特别重要的思维能力，学生应该能够根据课程的特点、章节、主干知识点的逻辑编排总结概括一个知识框架。本书给出的知识框架可以给学生提供一个参考。

考纲要求：严格遵循最新高考大纲的要求，指出每个章节学生应掌握、理解、了解的知识点。

典例解析：突出重点和难点，精选习题，注重解题思路和方法的应用，从而起到举一反三的作用。

同步精练：题型丰富，难度适中，考查的知识点紧扣高考考点，通过适量练习达到巩固知识点的目的。

另外，书后有练习题供学生进行巩固练习，包括高考大纲及近几年考题对照和综合检测卷十套。

本书既可用作教师教学的参考书，又可用作中职电类专业一年级《电子技术基础与技能》的配套练习册，也可作为中职电类专业升学备考复习资料。另外，本书还配有相应的教学资源，有需要的读者可在登录华信教育资源网后免费下载。

本书的编写团队成员均为教学一线教师，他们结合自身教学经验，认真编写本书，只愿能助读者一臂之力；但由于编者水平有限，编写时间较为仓促，书中难免存在疏漏，敬请读者批评指正，并给出宝贵意见和建议，以使本书能逐步提高和完善。

目　录

第一单元　二极管及直流稳压电源

知识框架

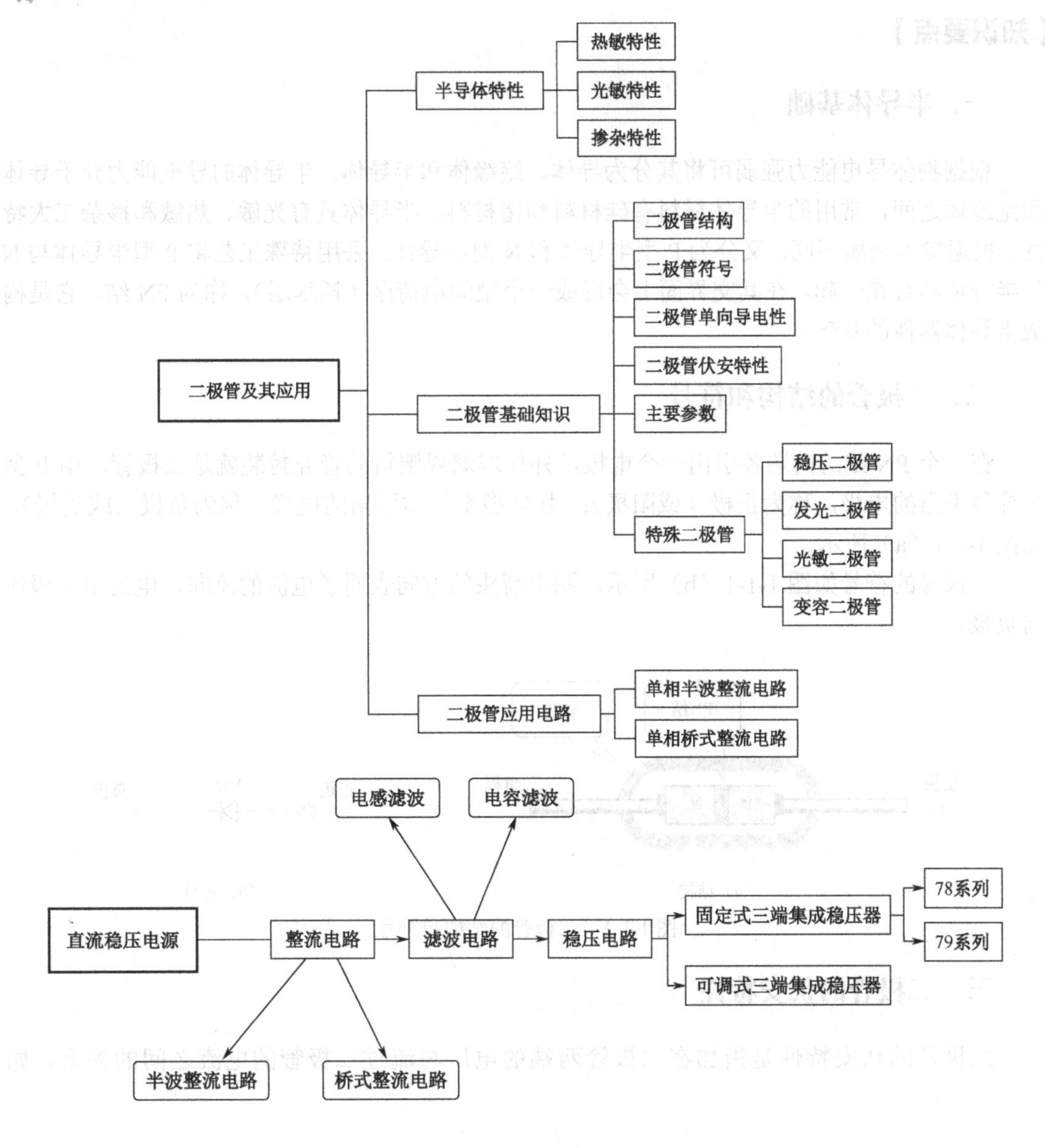

考纲要求

1．掌握二极管的单向导电性。

2．理解二极管的伏安特性和主要参数。

3．理解单相半波整流电路、单相桥式整流电路的工作原理，会估算电路的输出电压和输出电流。

4．理解电容滤波、电感滤波的工作原理，会估算电路输出电压平均值。

第一节 二极管的使用

【知识要点】

一、半导体基础

根据物体导电能力强弱可将其分为导体、绝缘体和半导体。半导体的导电能力介于导体和绝缘体之间，常用的半导体材料有硅材料和锗材料。半导体具有光敏、热敏和掺杂三大特性。根据掺入杂质不同，又分为P型半导体和N型半导体。采用特殊工艺将P型半导体与N型半导体结合在一起，在其交界面上会形成一个空间电荷区（耗尽层），称为PN结，它是构成半导体器件的基础。

二、二极管的结构和符号

在一个PN结的两端各引出一个电极，外加玻璃或塑料的管壳封装就是二极管。由P型半导体引出的电极，称为正极（或阳极）；由N型半导体引出的电极，称为负极（或阴极），如图1-1-1（a）所示。

二极管的符号如图1-1-1（b）所示，图中箭头的方向表明了电流的流向，电流由正极流向负极。

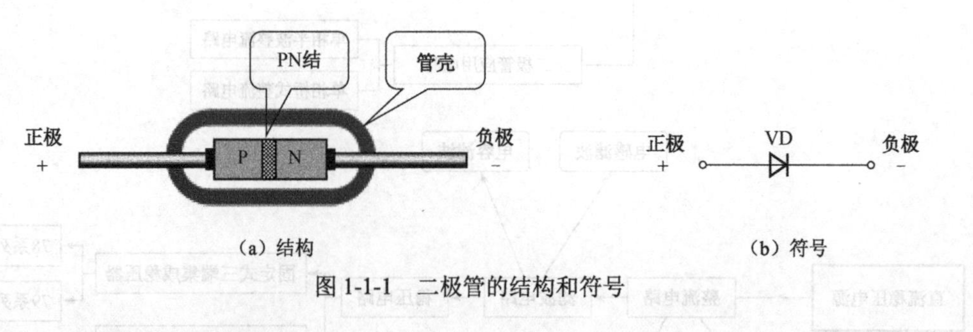

图1-1-1 二极管的结构和符号

三、二极管的伏安特性

二极管的伏安特性是指加在二极管两端的电压与流过二极管的电流之间的关系，如

图 1-1-2 所示。由图可知，电流与电压之间是非线性关系，所以二极管是非线性元件，不适用欧姆定律。

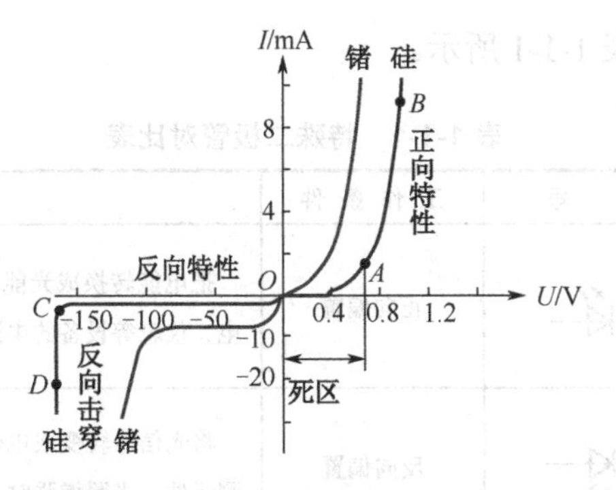

图 1-1-2　二极管的伏安特性曲线

1．正向特性

图 1-1-2 的右上方为二极管的正向特性。*OA* 段称为死区，对应的电压称为死区电压，硅二极管的死区电压为 0.5V，锗二极管的死区电压为 0.1V。此时电流很小，近乎为 0，二极管不导通，处于截止状态。

AB 段称为导通区。二极管导通的管压降为它的导通电压，硅二极管的导通电压为 0.7V，锗二极管的导通电压为 0.3V。

只有二极管外加正向电压大于死区电压时二极管才导通，此为二极管正向导通的条件。

2．反向特性

图 1-1-2 左下方为二极管的反向特性。

OC 段称为截止区，二极管反向截止，电流为 0。

CD 段称为反向击穿区，即当反向电压增大到某一值（曲线中的 *C* 点）以后，反向电流会急剧增大，这种现象称为二极管的反向电击穿，这个电压值称为反向击穿电压，用 U_{BR} 表示。这时二极管失去单向导电性。所以一般二极管在电路中工作时，其反向电压任何时候都必须小于反向击穿电压。

发生电击穿后，若及时去掉这个反向电压，二极管仍能恢复正常，此时的击穿称为电击穿；如果不及时限制反向击穿电流，二极管会因发热而被烧坏，这称为二极管的热击穿。

四、二极管的单向导电性

由二极管的伏安特性可知，当给二极管加上正向偏置电压，且大于死区电压时，二极管导通；当加上反向偏置电压时，二极管截止，即正偏导通，反偏截止，这就是二极管的单向导电性。其中，正向偏置指二极管正极接高电位，负极接低电位；反向偏置指二极管正极接低电位，负极接高电位。

五、特殊二极管

特殊二极管对比表如表 1-1-1 所示。

表 1-1-1 特殊二极管对比表

序　号	名　称	符　号	工作条件	应　用
1	发光二极管		正向偏置	把电能转换成光能，实现发光的功能。广泛应用于家电、仪表等设备的电源指示、数字显示等
2	光敏二极管		反向偏置	将光信号转变成电信号。可在自动控制中作为光/电检测元件。光照增强时，反向电阻减小
3	稳压二极管		反向电击穿	应用稳压二极管要注意以下三点。 （1）反接：保证其工作在反向电击穿状态。 （2）限流：串接一个限流电阻，起限流和提高稳压效果作用。 （3）稳压：稳压管与负载电阻并联才能实现稳压
4	变容二极管		正向偏置	用于电视机、收录机等家用电器和仪器仪表中的调谐电路和自动频率微调电路

六、二极管的主要参数

1．最大整流电流 I_{FM}

最大整流电流 I_{FM} 为二极管长期使用时，允许通过的最大正向电流。

2．最高反向工作电压 U_{RM}

最高反向工作电压 U_{RM} 为保证二极管不被击穿的最高反向峰值电压，通常为击穿电压的一半。

选用二极管时，应满足实际流过二极管的电流 $I<I_{FM}$，二极管实际承受的反向工作电压 $U_R<U_{RM}$。

七、万用表检测二极管

1．二极管正负极的判断

原理：单向导电性（反向电阻>>正向电阻）。

说明：测正向电阻时，选用 R×1kΩ 挡，锗二极管电阻为 1～2kΩ，硅二极管电阻为 3～7kΩ；测反向电阻时，电阻为几百千欧到无穷大。

2. 二极管好坏的判断

二极管好坏的判断如图 1-1-3 所示。

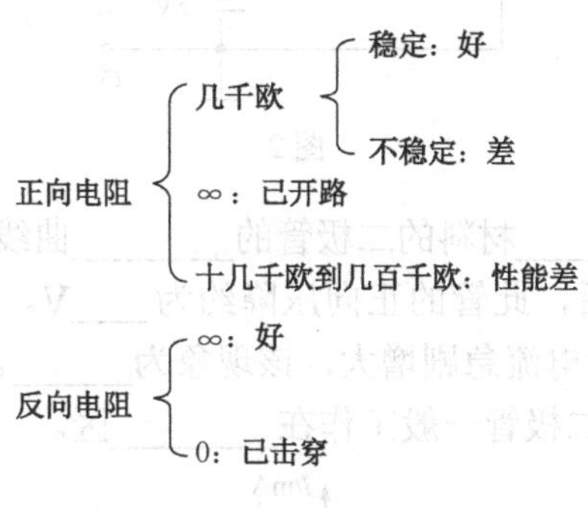

图 1-1-3　二极管好坏的判断

【典例解析】

例 1：（2014 年高考真题）用万用表检测二极管时发现其正、反向电阻均约等于 0Ω，说明该二极管（　　）。

A．已经击穿　　B．正常
C．内部老化　　D．开路

分析：根据二极管的单向导电性，二极管的反向电阻远大于二极管的正向电阻。当正、反向电阻都为 0 时，说明电路内部断路。

例 2：（2014 年高考真题）普通二极管引脚的标记为色环标记法，银白色色环端表示正极。（　　）

分析：有色环端表示负极。

例 3：判断电路中二极管的工作状态。

1．请分析图 1 中二极管的工作状态。

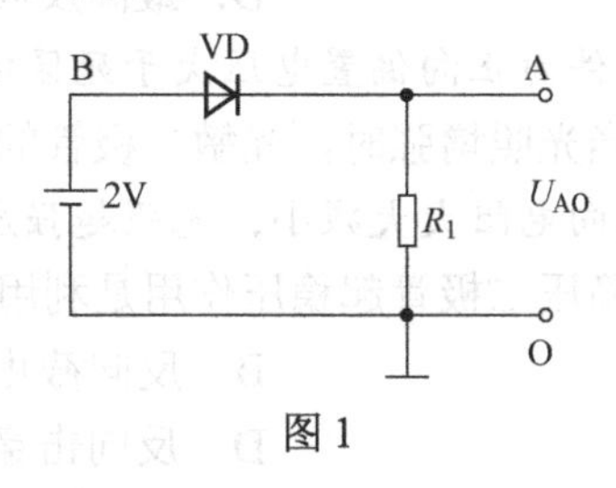

图 1

分析：先假设 VD 是断开的，因为 U_{BA}=2V−0V=2V>0，所以二极管处于导通状态。

2．请分析图 2 中二极管的工作状态。

分析：先假设 VD 是断开的，因为 $U_{BA}=2V-(-5)V=7V>0$，所以二极管处于导通状态。

总结此类题解题方法：

判断时，先将二极管视为断开，估算其两端正向电压，若大于 0，则导通；若小于 0，则截止。将导通视为直线，截止视为断路，再求 U_{AO}。

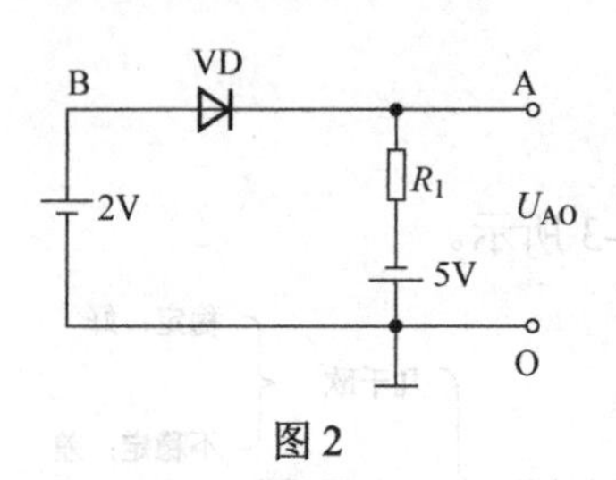

图2

例4：如图3所示，这是____材料的二极管的________曲线，在正向电压超过____V后，二极管开始导通。正常导通后，此管的正向压降约为____V。当反向电压增大到____V时，即称为________电压时，反向电流急剧增大，该现象为______。若反向电压继续增大，则容易发生_____现象。其中稳压二极管一般工作在________区。

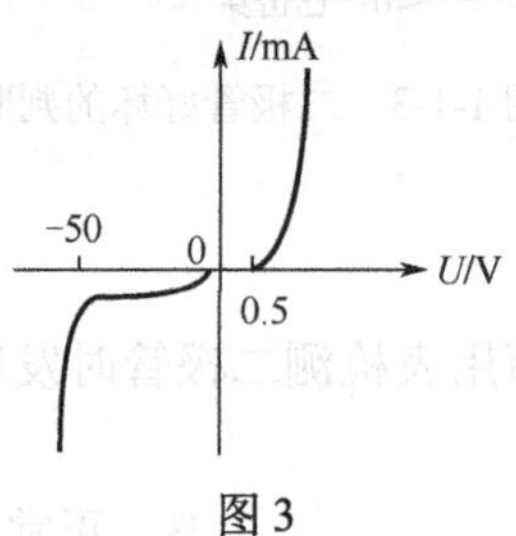

图3

分析：此类题考查的是二极管伏安特性曲线。在坐标系的第一象限，二极管的电流在电压大于0.5V时急剧增大，说明二极管导通，所以是硅材料的二极管，导通后压降为0.6～0.8V。当反向电压到−50V（击穿电压）时，出现反向电击穿现象，若反向电压继续增大，则会出现热击穿。稳压二极管工作在反向电击穿区。

例5：（2017年高考真题）要使二极管正向导通，则加在二极管的正向偏置电压应大于（　　）。

A．死区电压　　　　B．饱和电压

C．击穿电压　　　　D．最高反向工作电压

分析：二极管正向导通的条件为正向偏置电压大于死区电压。

例6：（2017年高考真题）当光照增强时，光敏二极管的反向电阻变小。（　　）

分析：光敏二极管见光后反向电阻大大减小，光照越强反向电阻越小。

例7：（2019年高考真题）稳压二极管起稳压作用是利用了二极管的（　　）。

A．正向导通特性　　　　B．反向截止特性

C．双向导电特性　　　　D．反向击穿特性

分析：稳压二极管是利用反向电击穿时，反向电压达到U_Z时，反向电流突然急剧增大，此时电流在很大范围内变化，其两端电压基本保持不变，如果把击穿电流通过电阻限制在一定的范围内，二极管就可以长时间在反向击穿状态下稳定工作，而且稳压二极管的反向击穿特性是可逆的，即去掉反向电压，稳压二极管又恢复常态。

例8：（2020年高考真题）测得电路中某锗二极管的正极电位为3V，负极电位为2.7V，则此二极管工作在（　　）。

A．正向导通区　　B．反向截止区　　C．死区　　D．反向击穿区

分析：二极管正极接高电位，负极接低电位，且压降为 U_D=3V−2.7V=0.3V，因此它工作在正向导通区。

【同步精练】

一、选择题

1．如果二极管的正、反向电阻都很大，则说明该二极管（　　）。

A．正常　　B．已经击穿　　C．内部断路

2．如果二极管的正、反向电阻都很小（或为 0），则说明该二极管（　　）。

A．正常　　B．已经击穿　　C．内部断路

3．如图所示，若将普通发光二极管 VD 直接与电动势 E 为 9V 的直流电源相连，则（　　）。

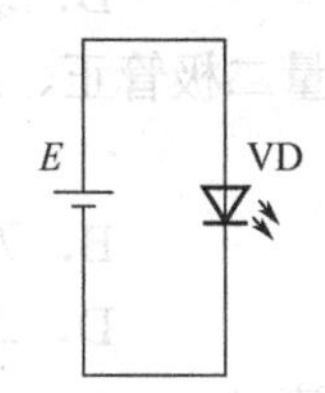

A．该电路能正常工作　　B．此二极管因反向电压过大而击穿

C．此二极管因正向电压偏低而截止　　D．此二极管因电流过大而损坏

4．下图所示电路中，正确的稳压电路为（　　）。

A. 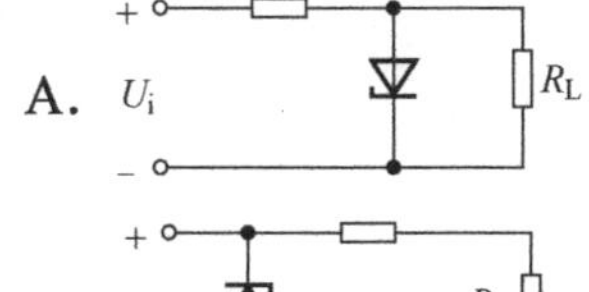

B. +　U_i　−　R_L

C. 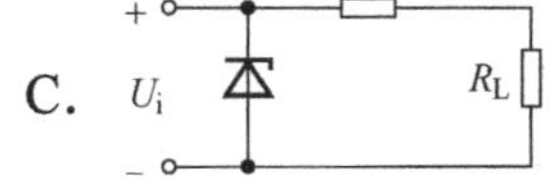

D. +　U_i　−　R_L

5．下图所示的四只硅二极管中处于导通状态的是（　　）。

A. −5V　−5V　　B. 0V　−0.7V

C. 5.3V　6V　　D. −6V　−5.3V

6．二极管的导通条件是（　　）。

A．二极管外加正向电压 U_D>0　　B．二极管外加正向电压 U_D>死区电压

C．二极管外加正向电压 U_D>击穿电压　　D．以上都不对

7．二极管内阻是（　　）。

A．常数　　B．不是常数

C．不一定　　D．没有电阻

8．下面列出的几条曲线中，表示理想二极管的伏安特性曲线的是（　　）。

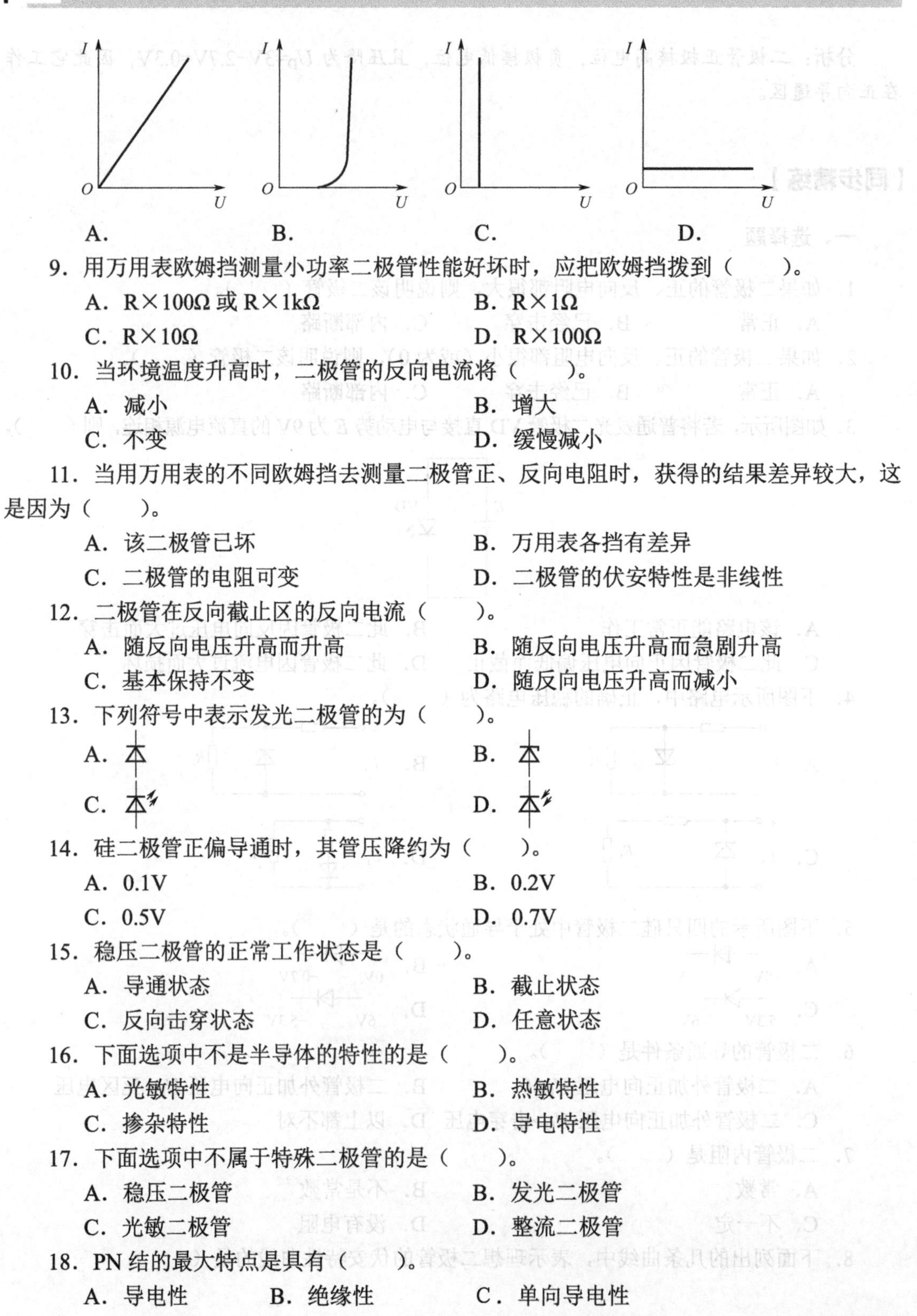

A. B. C. D.

9．用万用表欧姆挡测量小功率二极管性能好坏时，应把欧姆挡拨到（　　）。

A．R×100Ω 或 R×1kΩ　　B．R×1Ω

C．R×10Ω　　D．R×100Ω

10．当环境温度升高时，二极管的反向电流将（　　）。

A．减小　　B．增大

C．不变　　D．缓慢减小

11．当用万用表的不同欧姆挡去测量二极管正、反向电阻时，获得的结果差异较大，这是因为（　　）。

A．该二极管已坏　　B．万用表各挡有差异

C．二极管的电阻可变　　D．二极管的伏安特性是非线性

12．二极管在反向截止区的反向电流（　　）。

A．随反向电压升高而升高　　B．随反向电压升高而急剧升高

C．基本保持不变　　D．随反向电压升高而减小

13．下列符号中表示发光二极管的为（　　）。

A.　　B.

C.　　D.

14．硅二极管正偏导通时，其管压降约为（　　）。

A．0.1V　　B．0.2V

C．0.5V　　D．0.7V

15．稳压二极管的正常工作状态是（　　）。

A．导通状态　　B．截止状态

C．反向击穿状态　　D．任意状态

16．下面选项中不是半导体的特性的是（　　）。

A．光敏特性　　B．热敏特性

C．掺杂特性　　D．导电特性

17．下面选项中不属于特殊二极管的是（　　）。

A．稳压二极管　　B．发光二极管

C．光敏二极管　　D．整流二极管

18．PN 结的最大特点是具有（　　）。

A．导电性　　B．绝缘性　　C．单向导电性

19．把电动势为 1.5V 的干电池的正极直接接到一个硅二极管的正极，负极直接接到硅二极管的负极，则该二极管（　　）。

A．基本正常　　B．将被击穿

C．将被损坏　　D．电流为零

20．交通信号灯采用的是（　　）。

A．发光二极管　　B．光敏二极管

C．变容二极管　　D．整流二极管

二、判断题

1．二极管具有单向导电性。（　　）

2．二极管发生电击穿后，该二极管就坏了。（　　）

3．从二极管的伏安特性曲线可知，它的电压电流关系满足欧姆定律。（　　）

4．用机械式万用表判别二极管的极性时，若测的是二极管的正向电阻，那么与标有“+”的测试笔相连的是二极管的正极，另一端是负极。（　　）

5．一般来说，硅二极管的死区电压小于锗二极管的死区电压。（　　）

6．二极管正偏导通时电阻小，反偏截止时电阻大。（　　）

7．稳压二极管工作在反向截止区，工作时需要串联限流电阻。（　　）

8．二极管的内部结构实质就是一个 PN 结。（　　）

9．硅二极管的热稳定性比锗二极管好。（　　）

10．普通二极管正向使用也有稳压作用。（　　）

11．二极管反向漏电流越小，表明二极管单向导电性越好。（　　）

12．二极管仅能通过直流电，不能通过交流电。（　　）

13．对于实际的二极管，当加上正向电压时，它立即导通；当加上反向电压时，它立即截止。（　　）

14．用数字万用表判别二极管的极性时，若测的是二极管的正向电阻，那么与标有“+”的表笔相连的是二极管正极，另一端是负极。（　　）

15．光敏二极管和发光二极管使用时都应接反向电压。（　　）

16．发光二极管可以接收可见光线。（　　）

17．稳压二极管正常工作需要串联一个限流电阻。（　　）

18．硅稳压二极管的稳压作用是利用其内部 PN 结的正向特性来实现的。（　　）

19．硅稳压二极管工作在反向击穿状态，切断外加电压后，PN 结仍处于反向击穿状态。（　　）

20．硅稳压二极管可以串联使用，也可以并联使用。（　　）

三、填空题

1．二极管按使用的材料可分为______和_______两类。

2．锗二极管的正向偏置电压必须达到_____才能导通，硅二极管的正向偏置电压必须达到______才能导通。

3．用机械式万用表的千欧挡进行测量时，锗二极管的正向电阻为_____，硅二极管的正向电阻为______。

4．锗二极管和硅二极管的死区电压分别为_____和_______。

5．锗二极管和硅二极管导通时的正向压降分别为______和_______。

6．当加到二极管上的反向电压增大到一定数值时，反向电流会突然增大，此现象称为二极管的______现象。

7．当光线照射增强时，光敏二极管的反向电阻变__________。

8．如图，VD为理想二极管，则输出电压 U_{AB}=_____。

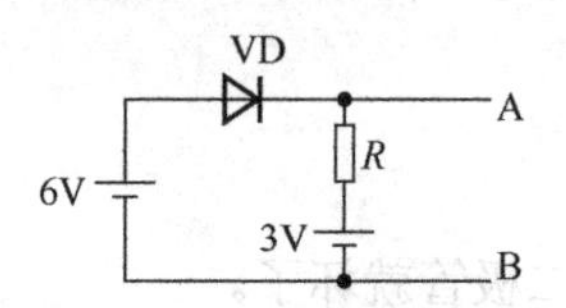

9．半导体二极管具有单向导电性，外加正偏电压________，外加反偏电压_______。

10．利用二极管的__________，可将交流电变成__________。

11．根据二极管的__________性，可使用万用表的R×1kΩ挡测出其正负极，一般其正反向的电阻阻值相差越__________越好。

12．硅二极管的工作电压为__________，锗二极管的工作电压为__________。

13．整流二极管的正向电阻越__________，反向电阻越__________，表明二极管的单向导电性越好。

14．稳压二极管主要工作在________区。在稳压时一定要在电路中加入______限流。

15．光敏二极管在电路中要_______连接才能正常工作。

16．发光二极管将 ________信号转换成________信号，光敏二极管将_________信号转换成 __________信号。

四、综合题

判断二极管（理想二极管）的工作状态，并求 U_{AO}。

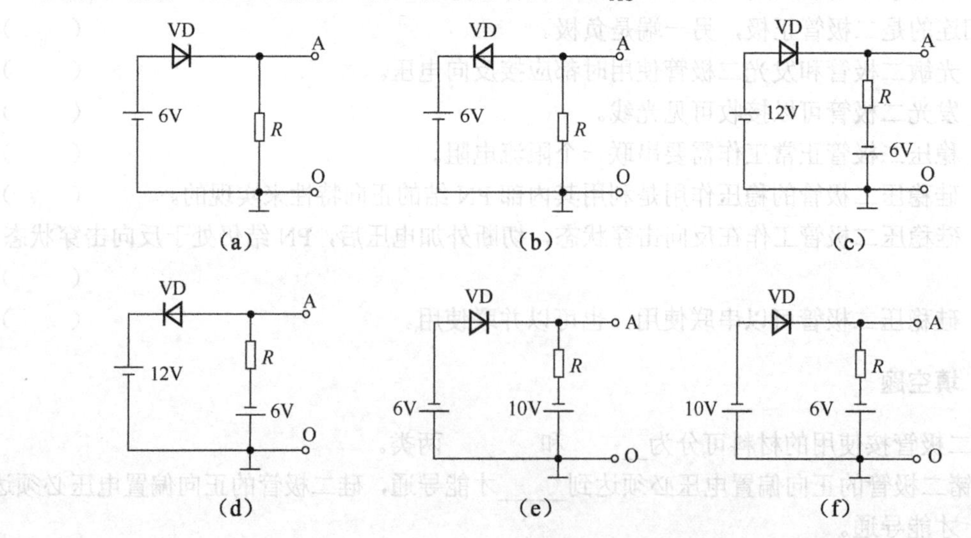

第二节　二极管整流电路

【知识要点】

利用二极管的单向导电性，将双向交流电转变成单向脉动直流电的电路称为整流电路。

一、单相半波整流电路

1. 输出电压和电流

$$U_o = 0.45U_2$$
$$I_o = \frac{0.45U_2}{R_L}$$

式中，U_o是单相半波整流电路的输出电压，U_2是单相半波整流电路的变压器次级电压有效值，I_o是单相半波整流电路的输出电流，R_L是单相半波整流电路的负载电阻。

2. 整流二极管上的电流 I_{OM} 和最高反向工作电压 U_{RM}

$$U_{RM} = \sqrt{2}U_2$$
$$I_{OM} = I_o = \frac{0.45U_2}{R_L}$$

二、单相桥式整流电路

1. 电路

单相桥式整流电路如图 1-2-1 所示。由图 1-2-1（a）可知，同一组对臂上的二极管的方向相同，两组对臂上的二极管方向相反。还可采用如图 1-2-1（b）所示的简化法绘制单相桥式整流电路图。在实际应用中通常将二极管竖直摆放，如图 1-2-1（c）所示。

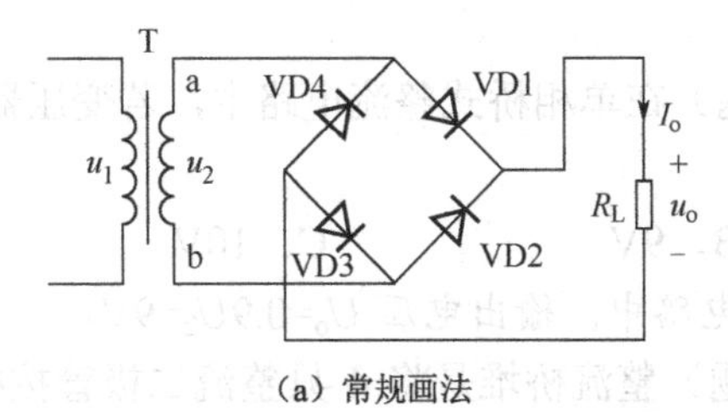

（a）常规画法

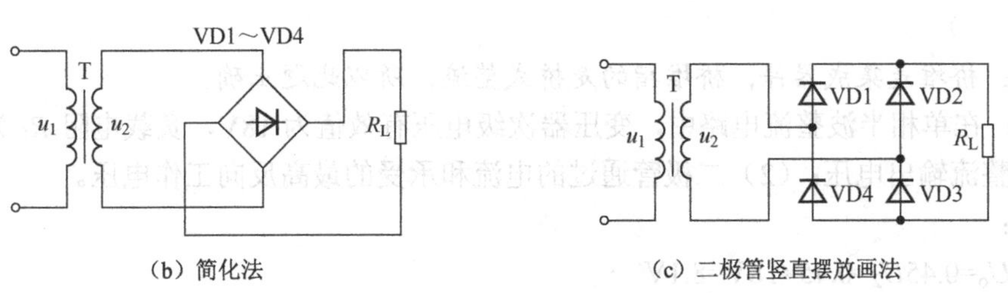

（b）简化法　（c）二极管竖直摆放画法

图 1-2-1　单相桥式整流电路

工作时，两组二极管分别在交流电的正负半周交替导通，电流在负载上会合，因此交流电的整个周期内负载上都有电流流过。

2．输出电压和电流

$$U_o = 0.9U_2$$
$$I_o = \frac{0.9U_2}{R_L}$$

3．二极管上的电流 I_D 和最高反向工作电压 U_{RM}

$$U_{RM} = \sqrt{2}U_2$$
$$I_D = \frac{1}{2}I_o = 0.45\frac{U_2}{R_L}$$

由于单相桥式整流电路使用较广，为了使用方便，出现了将4只桥式整流二极管集成在一起构成的器件，这就是整流桥堆（简称桥堆），其实物如图1-2-2所示。

图1-2-2　整流桥堆实物

在整流桥堆的4个引脚的根部，都标明了该引脚的功能，其中两个“~”脚是交流输入端，“+”脚是整流输出电压的正端，“−”脚是整流输出电压的负端。

【典例解析】

例1：（2015年高考真题）在单相桥式整流电路中，若变压器次级电压有效值 U_2=10V，则输出电压 U_o 为（　　）。

A．4.5V　　B．9V　　C．10V　　D．12V

分析：在单相桥式整流电路中，输出电压 $U_o=0.9U_2=9V$。

例2：（2015年高考真题）整流桥堆是将4只整流二极管按桥式连接集成在一起构成的器件。（　　）

分析：桥堆是集成器件，桥堆指的是桥式整流，所以此题正确。

例3：在单相半波整流电路中，变压器次级电压有效值为18V，负载电阻 R_L 为10kΩ，求：（1）整流输出电压；（2）二极管通过的电流和承受的最高反向工作电压。

分析：

（1）$U_o=0.45U_2=0.45\times18V=8.1V$

（2）$I_o = \dfrac{U_o}{R_L} = \dfrac{8.1\text{V}}{10\text{k}\Omega} = 0.81\text{mA}$

$U_{RM} = \sqrt{2}U_2 = 1.4 \times 18\text{V} = 25.2\text{V}$

例 4：（2016 年高考真题）在单相桥式整流电路中，若其中一只二极管断开，则负载两端的直流电压将（　　）。

A．变为零　　B．下降

C．升高　　D．保持不变

分析：在单相桥式整流电路中，若其中一只二极管断开，则电路成为单相半波整流电路，输出直流电压平均值降为原来的一半。

例 5：（2016 年高考真题）某变压器副边电压的有效值为 10V，则单相桥波整流后的输出电压为（　　）。

分析：单相桥式整流电路输出电压 $U_o = 0.9U_2 = 0.9 \times 10\text{V} = 9\text{V}$。

例 6：（2017 年高考真题）单相桥式全波整流电路中，流过每个二极管的平均电流为负载电流的一半。（　　）

分析：单相桥式全波整流电路中，两组对臂上的二极管在输入信号一个周期的正负两个半周交替导通，导致负载上一直有电流，因此二极管上的平均电流是负载电流的一半。

例 7：（2017 年高考真题）在下图所示的单相桥式整流电路中，变压器副边电压的有效值 U_2 为 10V，若 VD1 断路，则输出电压 U_o 为________V。

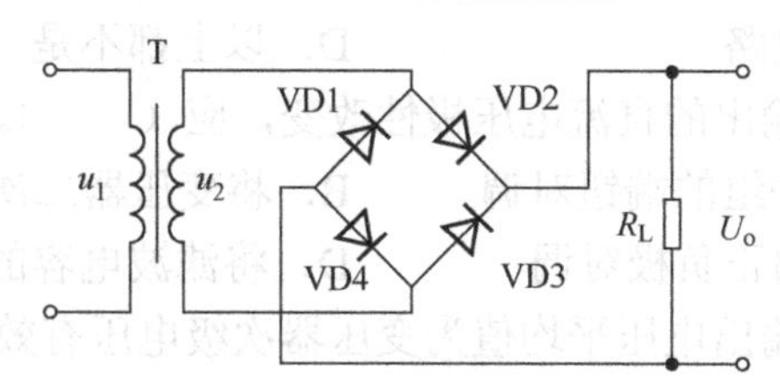

分析：若 VD1 断路，则电路变成半波整流电路，输出电压 $U_o = 0.45U_2 = 0.45 \times 10\text{V} = 4.5\text{V}$。

例 8：（2019 年高考真题）下图所示的半波整流电路输入电压 u_2 的有效值为 20V，则输出电压 U_o 约为（　　）。

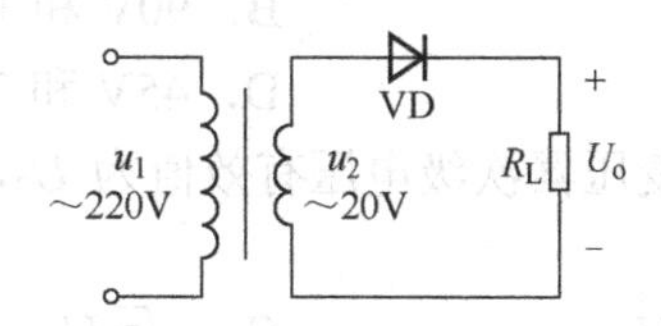

A．9V　　B．18V　　C．24V　　D．28V

分析：图示为半波整流电路，其输出电压 $U_o=0.45U_2=0.45\times20\text{V}=9\text{V}$。

【同步精练】

一、选择题

1．交流电通过整流电路后，所得的输出电压是（　　）。

A．交流电压　　B．脉动直流电压　　C．平滑的直流电压

2．在整流电路中，设整流电流平均值为 I_0，则流过每只二极管的电流平均值 $I_D=I_0$ 的电路是（　　）。

A．单相桥式整流电路　　B．单相半波整流电路

C．单相全波整流电路　　D．以上都不是

3．将交流电压 U_i 经单相半波整流电路转换为直流电压 U_o 的关系是（　　）。

A．$U_o=U_i$　　B．$U_o=0.45U_i$

C．$U_o=0.5U_i$　　D．$U_o=1.414U_i$

4．在单相桥式整流电路中，变压器次级电压为10V（有效值），则每只整流二极管承受的最高反向电压为（　　）。

A．10V　　B．$10\sqrt{2}$V

C．$20\sqrt{2}$V　　D．20V

5．欲使负载上得到如下图所示的整流电压的波形，则需要采用的整流电路是（　　）。

U_o　$\sqrt{2}U_2$　0　π　2π　3π　ωt

A．单相桥式整流电路　　B．单相全波整流电路

C．单相半波整流电路　　D．以上都不是

6．要使半波整流电路输出的直流电压极性改变，应（　　）。

A．将变压器一次绕组的端钮对调　　B．将变压器二次绕组的端钮对调

C．将整流二极管的正负极对调　　D．将滤波电容的正负极对调

7．单相半波整流电路输出电压平均值为变压器次级电压有效值的（　　）倍。

A．0.9　　B．0.45　　C．0.707　　D．1

8．某单相半波整流电路，若变压器次级有电压效值 U_2=100V，则负载两端电压及二极管承受的反向电压分别是（　　）。

A．45V和141V　　B．90V和141V

C．90V和282V　　D．45V和282V

9．某单相桥式整流电路，变压器次级电压有效值为 U_2，当负载开路时，整流输出电压为（　　）。

A．$0.9U_2$　　B．U_2　　C．$\sqrt{2}U_2$　　D．$1.2U_2$

10．单相桥式整流电路中，通过二极管的平均电流等于（　　）。

A．输出平均电流的1/4　　B．输出平均电流的1/2

C．输出平均电流　　D．输出平均电流的1/3

11．某单相桥式整流电路，变压器次级电压有效值为 U_2，若改成单相桥式整流电路，负载上仍得到原有的直流电压，则改成桥式整流后，变压器次级电压有效值为（　　）。

A．$0.5U_2$　　B．U_2　　C．$2U_2$　　D．$\sqrt{2}U_2$

12．在单相桥式整流电路中，如果电源变压器次级电压有效值是 U_2，则每只整流二极管

所承受的最高反向电压是（　　）。

A．U_2　　B．$\sqrt{2}U_2$　　C．$2U_2$　　D．$3U_2$

13．整流电路的作用是（　　）。

A．把交流电变成平滑的直流电

B．把交流电变成所需的电压值

C．把交流电变成方向不变但大小随时间变化的脉动直流电

D．把交流电变成方向不变、大小不随时间变化的直流电

二、判断题

1．在输入的交流电压相同的情况下，桥式整流的输出电压高于半波整流的输出电压，桥式整流的效率也高于半波整流的效率。（　　）

2．单相桥式整流电路属于单相全波整流电路。（　　）

3．单相桥式整流电路在输入交流电压的每个半周内都有两只二极管导通。（　　）

4．单相桥式整流电路输出的直流电压平均值是半波整流电路输出的直流电压平均值的 2 倍。（　　）

5．整流电路可将交流电变为平滑的直流电。（　　）

6．选择整流二极管主要考虑两个参数：反向击穿电压和正向平均电流。（　　）

三、填空题

1．电源电路中整流二极管的整流作用是利用二极管的________。

2．整流是把___________转变为___________。

3．在变压器次级电压相同的情况下，桥式整流电路输出的直流电压是半波整流电路输出的直流电压的___________倍，而且脉动___________。

4．单相半波整流电路中，若电源变压器次级电压的有效值是 200V，则负载电压是___________。

5．单相桥式整流电路中，如果负载电流是 20A，则流过每只二极管的电流是________。

四、综合题

1．在下图所示的单相桥式整流电路中，已知 U_o=9V，I_o=1A。求：（1）电源变压器次级电压有效值；（2）整流二极管承受的最高反向电压；（3）流过二极管的平均电流。

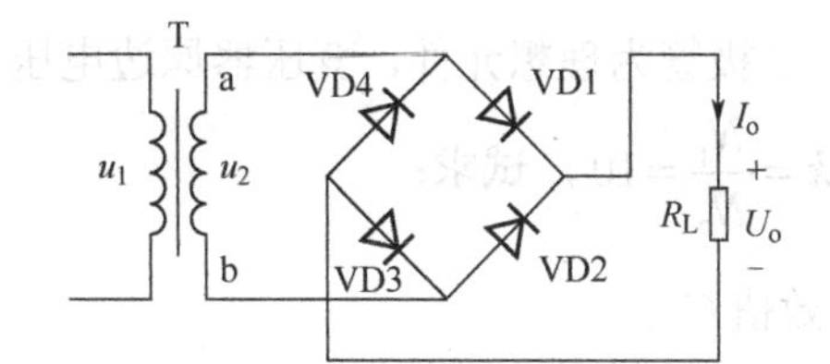

2．在下图所示的单相桥式整流电路中，若

（1）内部短路，会出现什么现象？

（2）虚焊，会出现什么现象？

（3）某只二极管方向接反，会出现什么现象？

（4）4只二极管的极性全部接反，对输出有何影响？

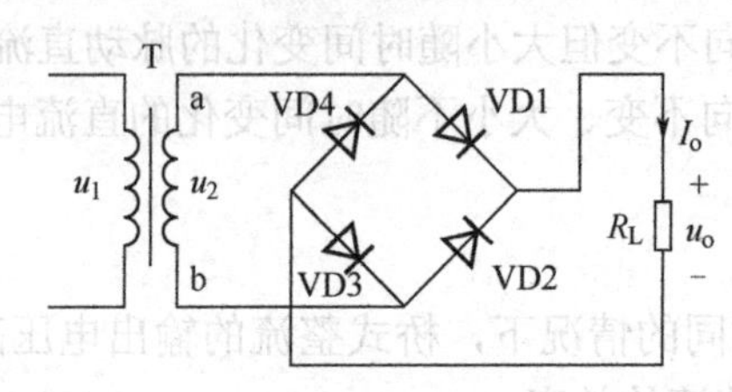

3．在下图所示的单相桥式整流电路中，若要求输出电压为18V，负载电流为2A，试求：

（1）电源变压器次级电压有效值；

（2）整流二极管承受的最高反向电压；

（3）流过二极管的平均电流；

（4）若二极管内部短路，则整流电路会出现什么现象？

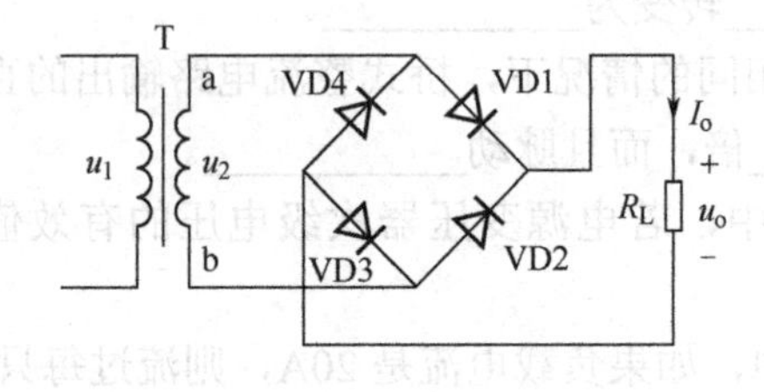

4．整流电路如图所示，二极管为理想元件，变压器原边电压有效值U_1为220V，负载电阻$R_L = 750\Omega$。变压器变比$k = \frac{N_1}{N_2} = 10$，试求：

（1）变压器副边电压有效值U_2；

（2）负载电阻R_L上电流平均值I_o；

（3）在下表列出的常用二极管中选出合适的二极管型号。

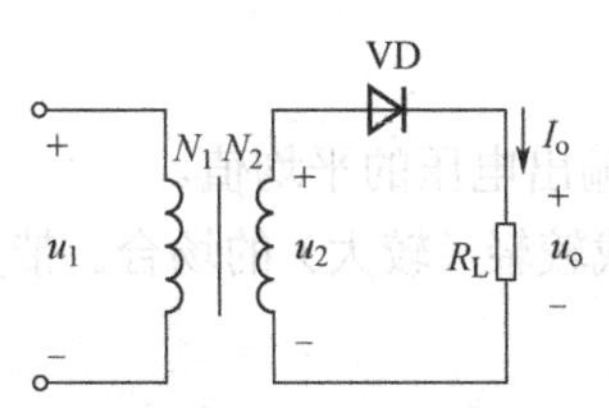

型　号	最大整流电流平均值	最高反向峰值电压
2 AP1	16mA	20V
2 AP10	100mA	25 V
2 AP4	16mA	50V

第三节　滤波和稳压电路

【知识要点】

整流电路把交流电转换成脉动直流电。那么，怎样才能获得脉动程度小的平滑直流电呢？能实现这个转换的电路称为滤波电路。常用的滤波电路有三种：电容滤波电路、电感滤波电路和复式滤波电路。

一、电容滤波电路

1. 电路结构

在负载电阻 R_L 两端并联一个大容量的电解电容，如图 1-3-1 所示。

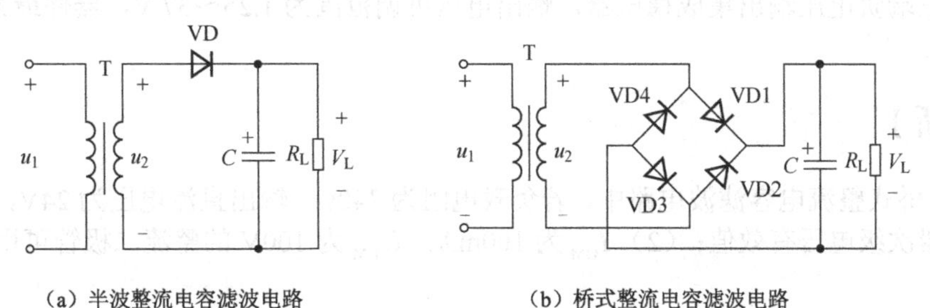

(a) 半波整流电容滤波电路　　(b) 桥式整流电容滤波电路

图 1-3-1　电容滤波电路

2. 滤波原理

（1）工作原理：利用电容在电路中快速充电而慢速放电来实现将脉动直流电变换为平滑直流电。

（2）输出电压平均值：半波整流电容滤波电路 $U_o = U_2$（次级电压的有效值），桥式整流

电容滤波电路 $U_o=1.2U_2$。

可见，电容滤波电路提高了输出电压的平均值。

（3）适用场合：只适用于负载较轻（较大）的场合。带负载能力指的是输出功率的大小。

二、电感滤波电路

1．电路结构

在整流电路与负载电阻 R_L 之间串联一个电感线圈，组成电感滤波电路，如图 1-3-2 所示。

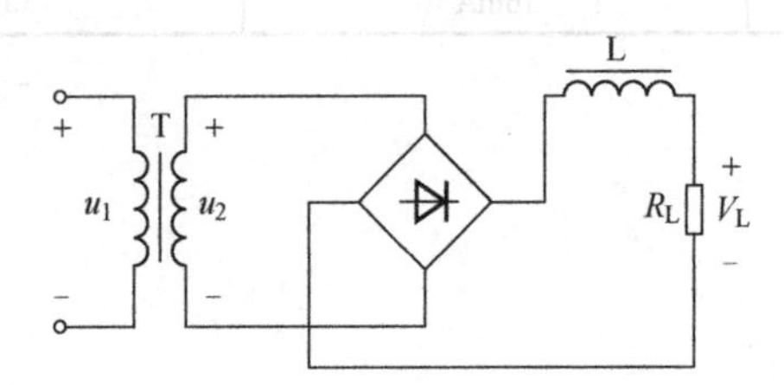

图 1-3-2　桥式整流电感滤波电路

2．滤波原理

（1）工作原理：利用电感具有通直阻交的作用来实现将脉动直流电变换为平滑直流电。

（2）输出电压平均值：半波整流电感滤波电路 $U_o=0.45U_2$（次级电压的有效值），桥式整流电感滤波电路 $U_o=0.9U_2$。

（3）适用场合：只适用于负载较重（较小）的场合。

三、三端集成稳压电路

（1）固定式三端集成稳压器：W78××系列输出正电压，W79××系列输出负电压，输出电压分别为±5V、±6V、±9V、±12V、±15V、±18V、±24V，最大输出电流可达 1.5A。

（2）可调式三端集成稳压器：CW317××为可调式三端正电压输出集成稳压器，CW337 为可调式三端负电压输出集成稳压器，输出电压可调范围为 1.25～37 V，器件最大输出电流约为 1.5 A。

【典例解析】

例 1：桥式整流电容滤波电路中，若负载电阻为 240Ω，输出直流电压为 24V，试求：（1）电源变压器次级电压有效值；（2）I_{OM} 为 100mA，U_{RM} 为 100V 的整流二极管可用吗？

分析：

（1）因为 $U_o=1.2U_2$

所以 $U_2=\dfrac{U_o}{1.2}=\dfrac{24\text{V}}{1.2}=20\text{V}$

（2）$I_o=\dfrac{U_o}{R_L}=\dfrac{24\text{V}}{240\Omega}=0.1\text{A}$

流过每个二极管的直流电流 $I_D = \frac{1}{2} I_o = 50mA < 100mA$

每个二极管的 $U_{RM} = \sqrt{2} U_2 = 1.4 \times 20V = 28V < 100V$

所以可以选用该型号二极管。

例 2：半波整流电容滤波电路中，已知电源变压器次级电压有效值为 10V，则电路的输出电压为______。

分析：$U_o = U_2 = 10V$

例 3：半波整流电感滤波电路中，已知电源变压器次级电压有效值为 10V，则电路的输出电压=______。

分析：$U_o = 0.45U_2 = 0.45 \times 10V = 4.5V$

例 4：（2018 年高考真题）输入电压不变的情况下，桥式整流电路加上滤波电容后，整个电路的输出电压升高。（　　）

分析：电容滤波电路，利用电容的储能作用，将输出电压的平均值整体提升。

半波整流电容滤波电路 $U_o = U_2$（次级电压的有效值）

桥式整流电容滤波电路 $U_o = 1.2U_2$

例 5：（2020 年高考真题）下图所示的桥式整流电容滤波电路中，如果变压器次级电压 u_2 的有效值为 10V，则负载 R_L 上的平均电压 U_L 约为（　　）。

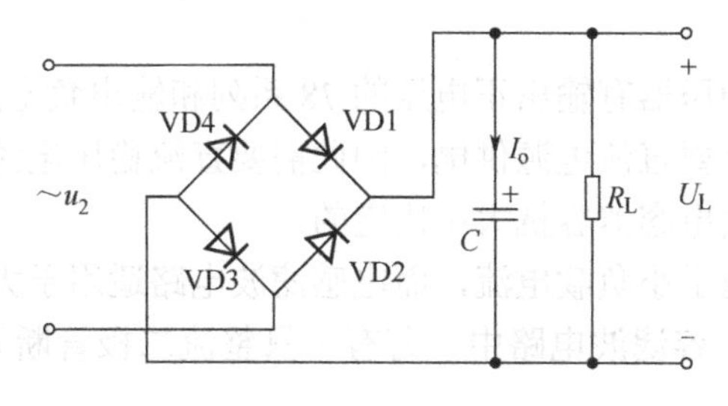

A．8V　　B．10V　　C．12V　　D．15V

分析：图示为桥式整流电容滤波电路，其输出电压为

$$U_o = 1.2U_2 = 1.2 \times 10V = 12V$$

【同步精练】

一、选择题

1．关于滤波器，叙述正确的是（　　）。

A．电容滤波电路的电容量越大，负载越重，输出直流越平滑

B．电容量越小，负载越重，输出电压越接近脉动电压峰值

C．电感滤波器利用电感具有反抗电流变化的作用，使负载电流的脉动程度减小，从而使输出电压平滑

D．电感量越大，产生的自感电动势越大，滤波效果越差

2．78 系列三端集成稳压器，引脚的名称从左至右依次为（　　）。

A．输入 输出 地　　B．地 输出 输入

C．输入 地 输出　　　　D．输出 输入 地

3．在单相桥式整流电容滤波电路中，若变压器次级电压的有效值U_2=20V，则输出电压U_o为（　　）。

A．12V　　　　B．20V

C．24V　　　　D．22V

4．直流稳压电源中滤波电路的作用是（　　）。

A．将交流电变为较平滑的直流电

B．将交流电变为稳定的直流电

C．滤除直流电中的交流成分

5．在滤波电路中，与负载并联的元件是（　　）。

A．电容　　B．电感　　C．电阻　　D．开关

6．利用电感元件的（　　）特性能实现滤波。

A．延时　　B．储能　　C．稳压　　D．负担

二、判断题

1．电感滤波器一般常用于负载较重的场合。（　　）

2．电容滤波器实质上是在整流电路负载电阻旁串联一个电容器，常适用于负载较轻的场合。（　　）

3．固定式三端集成稳压器有输出正电压的78系列和输出负电压的79系列。（　　）

4．任何电子电路都需要直流电源供电，因此需要直流稳压电源。（　　）

5．电容滤波效果是由电容器容抗大小决定的。（　　）

6．电容滤波电路适用于小负载电流，而电感滤波电路适用于大负载电流。（　　）

7．在单相桥式整流电容滤波电路中，若有一只整流二极管断开，则输出电压平均值变为原来的一半。（　　）

8．单相整流电容滤波电路中，电容器的极性不能接反。（　　）

9．单相桥式整流电路采用电容滤波后，每只二极管承受的最高反向工作电压减小。（　　）

10．带有电容滤波的单相桥式整流电路，其输出电压的平均值与所带负载无关。（　　）

三、填空题

1．滤波电路的作用是将整流电路输出的______中的______成分滤去，获得比较______的直流电，它一般分为______、______和______三类，其中______的滤波效果较好。

2．电容滤波电路的工作原理是利用______在电路中充电______而放电______来实现的。电感滤波电路的工作原理是电感对直流电压相当于______，对交流电压具有______作用。滤波的作用是将______直流电变为______直流电。

3．半波整流电容滤波电路中，已知U_2=10V，其输出电压=______。桥式整流电容滤波电路中，已知U_2=20V，其输出电压=______。

4．半波整流电感滤波电路中，已知U_2=10V，其输出电压=__________。桥式整流电感滤波电路中，已知U_2=20V，其输出电压=__________。

5．在桥式整流电容滤波电路中，变压器次级电压$u_2 = 10\sqrt{2}\sin(\omega t + 30^\circ)$V，在带负载情况下，输出电压$U_o$为__________。

6．电容滤波是利用电容器的__________原理来实现交流电向平滑直流电转换的。

7．W7805 的输出电压为_________V，W79M24 的输出电压为_________V。

四、作图题

分别画出桥式整流电容滤波电路和半波整流电感滤波电路的电路图。

五、综合题

1．如图所示，设U_2=10V，R_L=9kΩ，求

（1）开关 S 断开和闭合时输出电压的值；

（2）当开关 S 断开时，流过每只二极管的电流及二极管承受的最高反向电压。

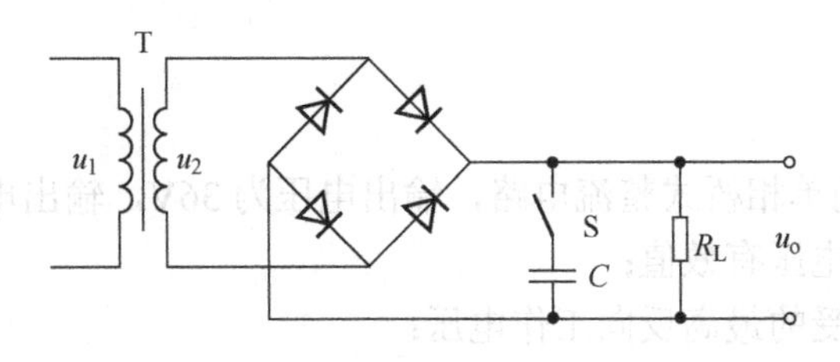

2．有一电容滤波的单相桥式整流电路，输出电压为40V，输出电流为200mA。

（1）画出电路原理图（简化画法），并标出电容极性和输出电压极性；

（2）能否选用$I_{OM}=0.3A$，$U_{RM}=50V$的二极管？（请简要写出计算过程）

3．看电路，回答下列问题：

（1）说明该电路由哪几部分组成及各部分组成元件；

（2）求出V_I和V_L的大小。

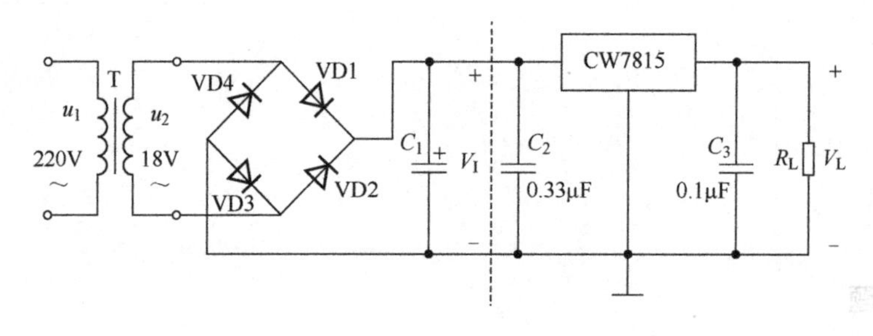

4．有一电感滤波的单相桥式整流电路，输出电压为36V，输出电流为120mA，求：

（1）变压器的次级电压有效值；

（2）二极管实际承受的最高反向工作电压；

（3）流过二极管的实际工作电流。

第二单元　三极管及放大电路基础

知识框架

以树状图形式将本单元的知识点列出。

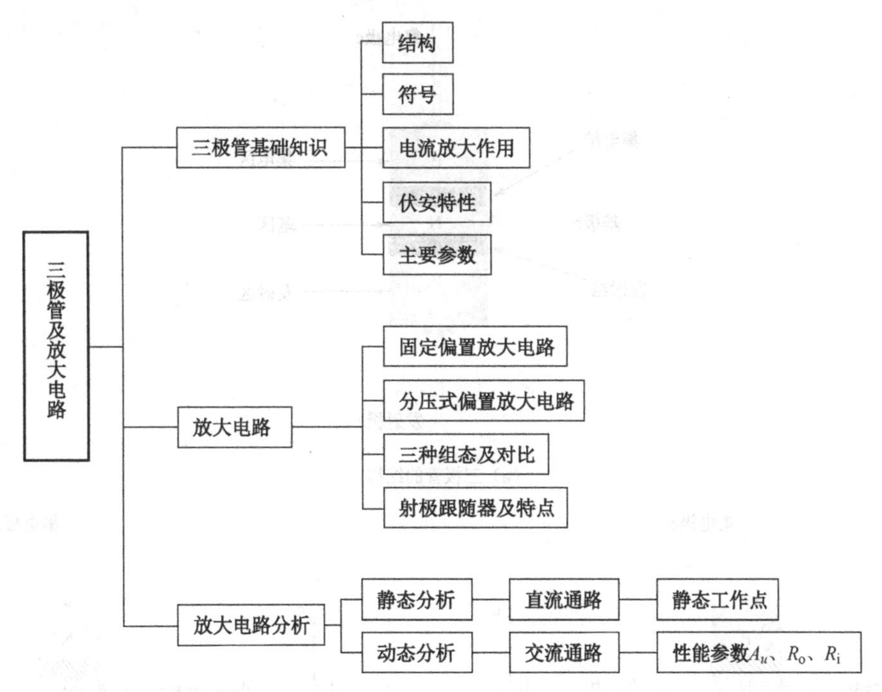

考纲要求

1. 了解三极管的基本结构，掌握电流分配和电流放大原理。
2. 理解三极管的输入、输出特性，会判别三极管的工作状态。
3. 理解三极管的主要参数。
4. 掌握固定偏置放大电路、分压式偏置放大电路的电路结构、主要元件的作用，会估算静态工作点及A_u、R_i、R_o。
5. 了解三极管放大电路的三种组态，掌握射极跟随器的特点。

第一节 三极管

【知识要点】

一、三极管基础

1. 三极管的结构及符号

由三块半导体和两个 PN 结可构成一个三极管，三极管有三个电极，分别从三极管内部引出，其结构如图 2-1-1（a）所示。按两个 PN 结组合方式不同，三极管可分为 PNP 型三极管和 NPN 型三极管，其符号如图 2-1-1（b）所示。

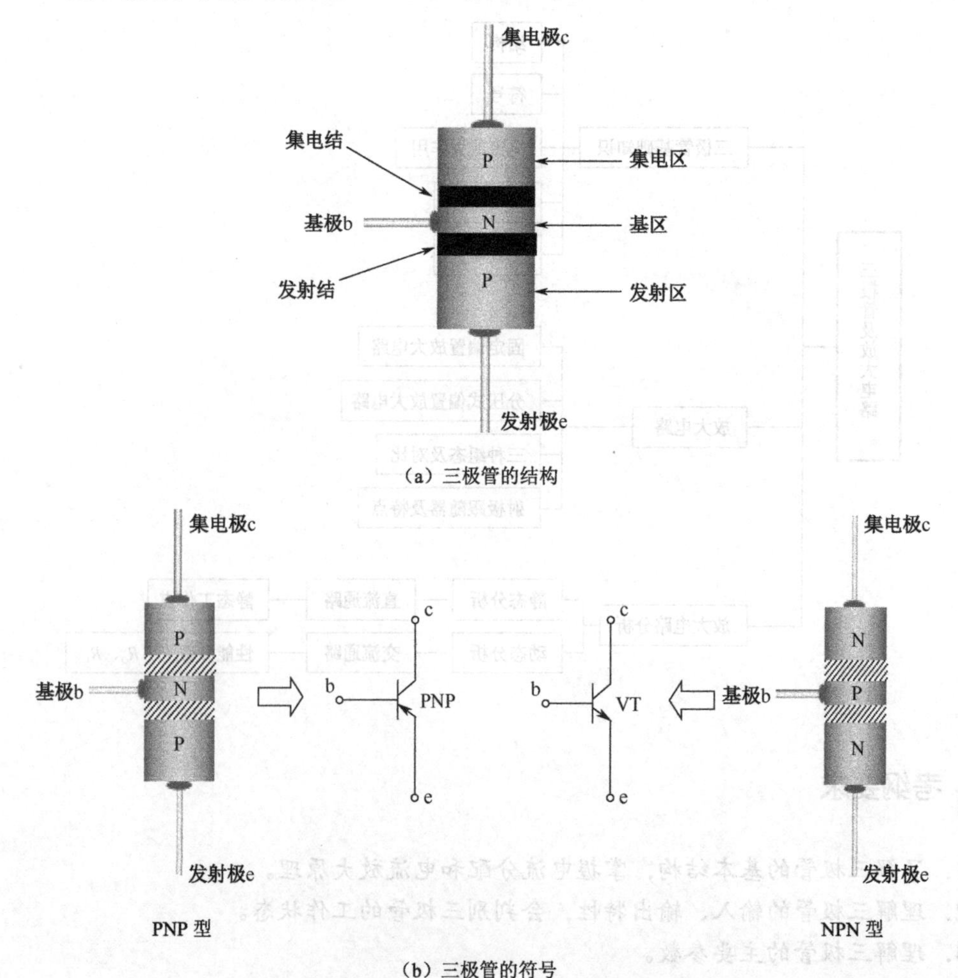

图 2-1-1 三极管的结构和符号

有箭头的电极是发射极，箭头方向表示发射结正向偏置时的电流方向，由此可以判断三极管是 PNP 型还是 NPN 型。

三极管可以用锗或硅两种材料制作，所以三极管又可分为锗三极管和硅三极管。

2．三极管结构特点

发射区掺杂浓度远大于基区和集电区的掺杂浓度，目的是增强发射区载流子的发射能力；基区很薄，有利于发射区注入基区的载流子顺利越过基区到达集电结一侧；集电区面积很大，有利于增强收集载流子的能力。正是由于三极管在结构上有上述特点，因此任意两个 PN 结或二极管不能构成一个三极管，同时三极管的集电极和发射极不能对调使用。

二、三极管的电流放大作用

1．放大倍数

集电极电流和基极电流之比基本为常量，该常量称为共发射极直流放大倍数$\overline{\beta}$，定义为

$$\overline{\beta}=\frac{I_C}{I_B}$$

基极电流有微小的变化量Δi_B，集电极电流就会产生较大的变化量Δi_C，且电流变化量之比也基本为常量，该常量称为共发射极交流放大倍数β，定义为

$$\beta=\frac{\Delta i_C}{\Delta i_B}$$

虽然直流放大倍数和交流放大倍数的含义不同，但由于两者的数值近似相等，因此在使用时经常相互代用，不做区分。

2．放大条件

三极管电流放大作用的实现需要外部提供直流偏置，即必须保证：发射结正偏，集电结反偏，即对于 NPN 型三极管，3 个电极上的电位关系是$U_C>U_B>U_E$；对于 PNP 型三极管，$U_C<U_B<U_E$。

3．放大实质

三极管的电流放大作用，实质是用较小的基极电流控制较大的集电极电流，即“以小控大”，放大的能量来自直流电源。

4．三极管的电流分配关系

发射极电流等于集电极电流与基极电流之和，即$I_E=I_C+I_B$，$I_E\approx I_C\gg I_B$。

三、三极管的特性曲线

三极管在电路应用时，有三种组态（连接方式）：以基极为公共端的共基极组态、以发射极为公共端的共发射极组态和以集电极为公共端的共集电极组态，如图 2-1-2 所示。

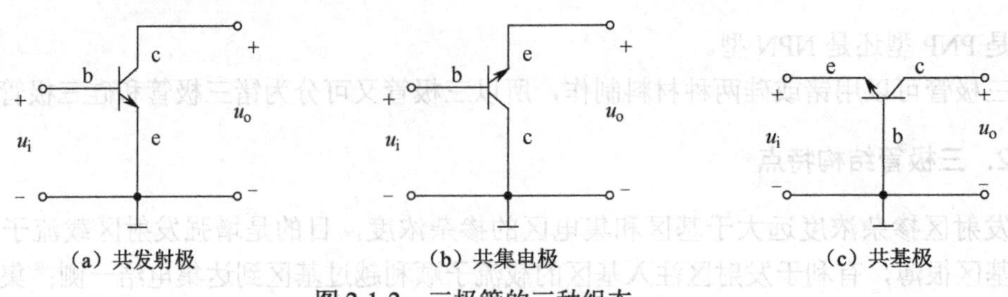

图 2-1-2　三极管的三种组态

由于三极管的接地方式不同，三极管的伏安特性也不同，其中共发射极（简称共射）特性曲线是最常用的。

三极管的特性曲线指的是三极管上外加电压和电流的关系，包括输入特性曲线和输出特性曲线。

1．共射输入特性曲线

共射输入特性曲线，是指当U_{CE}为某一定值时，基极电流i_B和发射结电压u_{BE}之间关系，如图 2-1-3 所示。当 U_{CE}=0V 时，输入特性曲线与二极管的正向伏安特性相似，存在死区电压 U_{on}（也称开启电压），硅管 U_{on}≈0.5V，锗管 U_{on}≈0.1V。只有当 u_{BE} 大于 U_{on} 时，基极电流 i_B 才会上升，三极管正常导通。硅管导通电压约为 0.7V，锗管导通电压约为 0.3V。

随着 U_{CE} 的增大，输入特性曲线右移，但当 U_{CE} 超过一定数值（U_{CE}＞1V）后，曲线不再明显右移而基本重合。

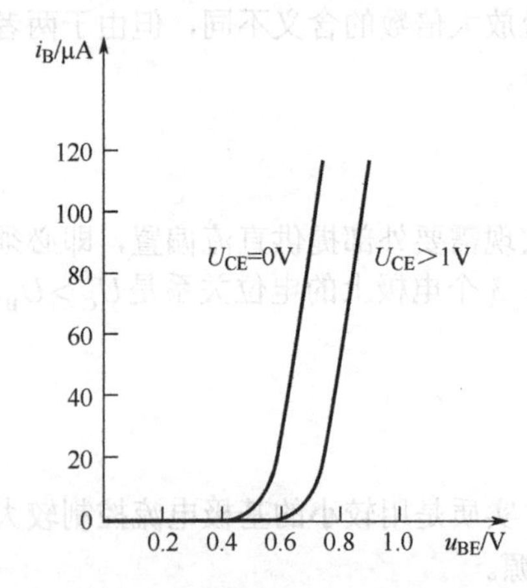

图 2-1-3　共射输入特性曲线

2．共射输出特性曲线

在基极电流I_B为一常量的情况下，集电极电流i_C和管压降u_{CE}之间的关系曲线，如图2-1-4所示。

三极管的输出特性曲线可以分为三个区域。

（1）截止区——I_B=0 曲线以下的区域，三极管处于截止状态，集电结反偏，发射结反偏。u_{BE}＜死区电压，三极管内部各电极开路，此时微弱的集电极电流称为三极管的穿透电流，用 I_{CEO} 表示。

（2）饱和区——u_{CE} 较小的区域，三极管处于饱和状态，集电结正偏，发射结正偏。此时 C、E 之间接近于短路，相当于开关导通。三极管饱和时的值称为饱和管压降，记作U_{CES}，小功率硅管的U_{CES}约为 0.3V，锗管的U_{CES}约为 0.1V。

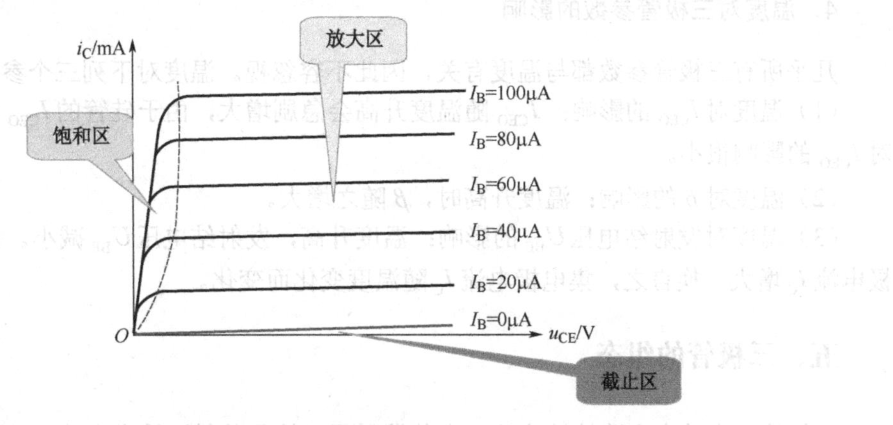

图 2-1-4　三极管的输出特性曲线

（3）放大区——一簇与横轴平行的曲线，且各条曲线间距离近似相等的区域，三极管处于放大状态，集电结反偏，发射结正偏。此时 I_C 只受 I_B 控制，三极管具有放大作用。

当三极管工作在饱和区和截止区时，相当于开关的闭合与断开，三极管具有开关作用，当三极管工作在放大区时，具有电流放大的作用。

四、三极管的主要参数

1．电流放大倍数 β

β 过小，三极管电流放大作用小；β 过大，工作稳定性差。一般选用 β 在 40~100 的三极管较为合适。

2．极间电流

1）集电极反向饱和电流 I_{CBO}

作为三极管的性能指标，I_{CBO} 越小越好，硅管的 I_{CBO} 比锗管的 I_{CBO} 小得多，大功率三极管的 I_{CBO} 值较大，使用时应予以注意。

2）穿透电流 I_{CEO}

I_{CEO} 是基极开路，集电极与发射极间加电压时的集电极电流，由于这个电流由集电极穿过基区流到发射极，故称为穿透电流。

3．极限参数

三极管的极限参数规定了使用时不许超过的限度。主要的极限参数如下。

（1）集电极最大允许耗散功率 P_{CM}。

（2）反向击穿电压 $U_{(BR)CEO}$。

（3）集电极最大允许电流 I_{CM}。

P_{CM}、$U_{(BR)CEO}$ 和 I_{CM} 这三个极限参数决定了三极管的安全工作区。

4．温度对三极管参数的影响

几乎所有三极管参数都与温度有关，因此不容忽视。温度对下列三个参数的影响最大。

（1）温度对 I_{CEO} 的影响：I_{CEO} 随温度升高会急剧增大，由于硅管的 I_{CEO} 很小，因此温度对 I_{CEO} 的影响很小。

（2）温度对 β 的影响：温度升高时，β 随之增大。

（3）温度对发射结电压 U_{BE} 的影响：温度升高，发射结电压 U_{BE} 减小。温度升高使集电极电流 I_C 增大。换言之，集电极电流 I_C 随温度变化而变化。

五、三极管的组态

三极管基本放大电路按结构分，有共发射极（简称共射）放大电路、共集电极放大电路和共基极放大电路三种，三极管无论在何种组态都满足：

（1）发射结正偏，集电结反偏；

（2）$I_E = I_B + I_C$，$I_C = \beta I_B$。

电流的实际方向不因接法不同而改变。

【典例解析】

例 1：（2014 年高考真题）三极管的放大原理是用微小变化的基极电流去控制较大变化的集电极电流。（　　）

分析：本题考查的是对三极管放大原理的理解。

例 2：（2015 年高考真题）某晶体三极管发射极电流为 1mA，基极电流为 30μA，则集电极电流为（　　）。

A．0.97mA　　B．1.03mA

C．1.13mA　　D．1.3mA

分析：三极管的电流关系为发射极电流=基极电流+集电极电流。

例 3：某放大电路中，已知 I_1=−1.5mA，I_2=−0.03mA，I_3=1.53mA，则电极 1 是____极，电极 2 是____极，电极 3 是____极；β=____；管型是____。

分析：根据 $I_E = I_B + I_C$，$I_C = \beta I_B$ 可知，放大电路中的三极管基极电流最小，发射极电流最大。

例 4：（2018 年高考真题）测得某电路 NPN 型三极管的 c、b、e 极电位分别为 7V、3V、2.3V，则此三极管工作状态为________。

分析：首先三极管的发射结电压 U_{BE}=3V−2.3V=0.7V，说明三极管导通，此外根据三极管的放大条件，NPN 型三极管处于放大状态时，$U_C>U_B>U_E$，该题中三极管各电极的电位满足放大条件，因此工作在放大状态。

例 5：（2019 年高考真题）测得某 NPN 型三极管的 c、b、e 端对地电压分别为 5.3V、5.7V、5V，则此三极管的工作状态为（　　）。

A．截止状态　　B．饱和状态

C．放大状态　　D．击穿状态

分析：由题可知，$U_{BE}=U_B-U_E$=5.7V−5V=0.7V，说明三极管导通。

由 $U_{CE}=U_C-U_E$=5.3V−5V=0.3V，U_{CE}<1，说明三极管工作在饱和状态。

例 6：在放大电路中，已知三极管三个极的电位分别为 U_B=2.8V、U_E=2.1V、U_C=7V，该三极管是________型________管，B、E、C 分别是______极。

方法总结：

已知三极管工作在放大状态，并给出三个电极的电位，要求判断三极管的管型、电极、材料等，其解题步骤如下。

（1）定基极：不管是哪种管型，基极电位都处于集电极电位和发射极电位中间。

（2）定发射极：与基极电位的差值的绝对值是 0.2～0.3V 或 0.6～0.7V 的电极为发射极。0.3 说明三极管的材料是锗，0.7 说明三极管的材料是硅。

（3）定集电极：最后剩下就是集电极。

（4）定管型：有了三个电极，若 $U_C > U_B > U_E$，则是 NPN 型；若 $U_C < U_B < U_E$，则是 PNP 型。或者，$U_{BE} = U_B - U_E$ 为正值的是 NPN 型，U_{BE} 为负值的是 PNP 型。

例 7：（2016 年高考真题）下图所示为某放大电路中的三极管各电极对地电压，则该管为（　　）。

A．NPN 型硅管　　B．NPN 型锗管

C．PNP 型锗管　　D．PNP 型硅管

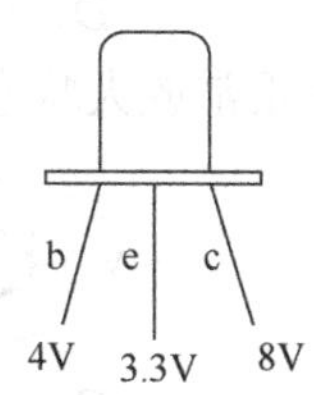

分析：三极管处于放大状态时，NPN 型三极管集电极 c 电位最高，PNP 型三极管发射极 e 电位最高。

三极管的材料可以根据发射结电压 U_{BE} 的大小来确定，若 $U_{BE} = 0.7\text{V}$，则为硅材料；若 $U_{BE} = 0.3\text{V}$，则为锗材料。该题中 $U_{BE} = 4\text{V} - 3.3\text{V} = 0.7\text{V}$，所以该题答案为 NPN 型硅管。

例 8：（2017 年高考真题）某工作于放大状态的三极管，已知 I_B=0.04mA，β=50，忽略其穿透电流，则 $I_E \approx I_C$=20mA。（　　）

分析：三极管的集电极电流 $I_C = \beta I_B = 50 \times 0.04\text{mA} = 2\text{mA}$。

例 9：（2020 年高考真题）测得放大电路中某 NPN 型硅三极管的 c、b、e 极电位分别为 12V、6.7V、6V，则此三极管的工作状态为（　　）。

A．截止　　B．饱和　　C．放大　　D．过耗

分析：首先三极管的发射结电压 U_{BE}=6.7V−6V=0.7V，说明三极管导通，此外，根据三极管的放大条件，NPN 型三极管处于放大状态时，U_C>U_B>U_E，该题中三极管各电极的电位

满足放大条件，因此工作在放大状态。

【同步精练】

一、选择题

1．工作在放大区的某三极管，如果当基极电流 I_B 从 12μA 增大到 22μA 时，集电极电流 I_C 从 1mA 变为 2mA，那么它的 β 约为（　　）。

A．83　　B．91　　C．100

2．某工作于放大状态的硅三极管，测得①脚电位为 2.3V，②脚电位为 3V，③脚电位为 7V，则可判定①、②、③脚依次为（　　）。

A．e、b、c　　B．b、e、c

C．c、e、b　　D．c、b、e

3．NPN 型和 PNP 型三极管的区别是（　　）。

A．由两种不同的材料硅和锗制成　　B．掺入的杂质元素不同

C．P 区和 N 区的位置不同　　D．引脚排列方式不同

4．某只处于放大状态的三极管，各电极的电位分别是 U_E=6V、U_B=5.3V、U_C=1V，则该管是（　　）。

A．PNP 型锗管　　B．NPN 型锗管

C．PNP 型硅管　　D．NPN 型硅管

5．NPN 型三极管的基极电位低于发射极电位，则（　　）。

A．三极管集电结将正偏　　B．三极管处于截止状态

C．三极管将深度饱和　　D．无影响

6．下图所示的三极管为硅管，处于正常放大状态的是（　　）。

A．基极 −3V，集电极 −9V，发射极 −2.3V

B．基极 −3V，发射极 −2.3V，集电极 −9V

C．基极 −4V，集电极 −8V，发射极 −4.7V

D．基极 0.7V，集电极 6V，发射极 0V

7．在固定偏置放大电路中，若测得 $U_{CE}=V_{CC}$，则可以判断三极管处于（　　）状态。

A．放大　　B．饱和

C．截止　　D．短路

8．对放大电路中的三极管进行测量，各电极对地电压分别为 U_B=2.7V、U_E=2V、U_C=6V，则该管工作在（　　）。

A．放大区　　B．饱和区

C．截止区　　D．无法确定

9．当三极管的发射结和集电结都反偏时，则三极管的集电极电流将（　　）。

A．增大　　B．减小

C．反向　　D．几乎为零

10．为了使三极管可靠地截止，电路必须满足（　　）。

A．发射结正偏，集电结反偏　　B．发射结反偏，集电结正偏

C．发射结和集电结都正偏　　　　　　　D．发射结和集电结都反偏

11．测得三极管的 I_B=30μA 时，I_C = 2.4mA；I_B=40μA 时，I_C = 1mA，则该管的交流电流放大倍数为（　　）。

A．80　　　　B．60　　　　C．75　　　　D．100

12．当温度升高时，半导体三极管的 β、穿透电流、U_{BE} 的变化为（　　）。

A．变大，变大，基本不变　　　　B．变小，变小，基本不变

C．变大，变小，变大　　　　　　D．变小，变大，变大

13．三极管的 I_{CEO} 大，说明该三极管的（　　）。

A．工作电流大　　　　B．击穿电压高

C．寿命长　　　　　　D．热稳定性差

14．用直流电压表测得放大电路中某三极管电极 1、2、3 的电位分别为 U_1=2V、U_2=6V、U_3=2.7V，则（　）。

A．1 为 e，2 为 b，3 为 c　　　　B．1 为 e，3 为 b，2 为 c

C．2 为 e，1 为 b，3 为 c　　　　D．3 为 e，1 为 b，2 为 c

15．下图所示为三极管的输出特性曲线。该管在 U_{CE}=6V、I_C=3mA 处电流放大倍数 β 为（　　）。

A．60　　　　B．80　　　　C．100　　　　D．10

16．测得三极管的三个电流方向及大小如下图所示，则可判断三个电极为（　　）。

A．①基极 b，②发射极 e，③集电极 c

B．①基极 b，②集电极 c，③发射极 e

C．①集电极 c，②基极 b，③发射极 e

D．①发射极 e，②基极 b，③集电极 c

二、判断题

1．三极管的发射区和集电区由同一种杂质半导体构成，因此发射极和集电极可以互换使用。（　　）

2．三极管按结构分为硅三极管和锗三极管。（　　）

3．三极管是电压放大元件。（　　）

4．三极管的结构特点为基区掺杂浓度大，发射区掺杂浓度小。（　　）

5．三极管发射极电流等于集电极电流与基极电流之和。（　　）

6．三极管的发射极电流是基极电流的 β 倍。（　　）

7. 当外界温度变化时，三极管的电流放大倍数β也会发生变化，温度升高，β值增大。（ ）

8. 三极管处于截止状态时，理想状态为I_B=0、I_C=0。（ ）

9. 三极管的穿透电流越小，表明稳定性就越差。（ ）

10. 三极管内部电流满足基尔霍夫第一定律（节点电流定律）。（ ）

三、填空题

1. 三极管工作在放大区时，发射结______偏，集电结______偏。三极管的发射结和集电结都正向偏置或反向偏置时，三极管的工作状态分别是______和______。

2. 放大电路中，测得三极管三个电极电位为U_1=6.5V、U_2=7.2V、U_3=15V，则该管是______类型管子，其中______极为集电极。

3. 三极管的输出特性曲线可分为三个区域，即______区、______区和______区。当三极管工作在______区时，关系式$I_C=\beta I_B$才成立；当三极管工作在______区时，I_C=0；当三极管工作在______区时，$U_{CE}\approx0$。

4. 当NPN型三极管处于放大状态时，三个电极中电位最高的是______，______极电位最低。

5. 三极管β值随温度升高而________，穿透电流I_{CEO}随温度升高而________。

6. 三极管的特性曲线主要有________曲线和________曲线两种。

7. 三极管的电流放大原理是________电流的微小变化控制________电流的较大变化。

8. 三极管输入特性曲线指三极管一定时，________与________之间的关系曲线。

9. 三极管由_________个区、_________个PN结、_________个引脚构成，根据极性不同，三极管分为_________型和_________型。

10. 对于NPN型三极管，其基极电流是流_________（填进或出）三极管的，对于PNP型三极管，其集电极电流是流_________三极管的。

11. 已知三极管集电极电流为20mA，基极电流为0.05mA，则三极管发射极电流为_________，电流放大倍数β为_________。如果某三极管的基极电流为20μA，发射极电流为1mA，则三极管集电极电流为_________，电流放大倍数β为_________。

12. 三极管具有_______特性，这是三极管的一个重要特性，同时也说明了三极管是一种_______控制元件。

13. 某三极管工作在放大状态时，测得的各脚电压值如下图所示，标出电极名称，管型为_________。

A B C
8.6V 4.7V 9.2V

14. 已知正常放大状态的三极管两引脚的电流如下图所示，则该三极管的管型为_________，1、2、3脚分别为_________极。

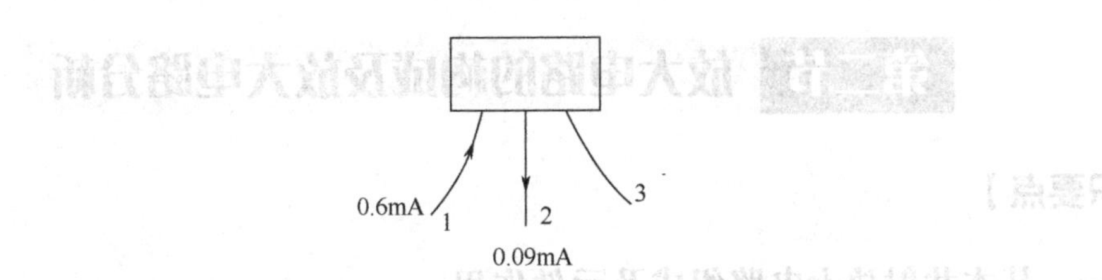

15．已知三极管的集电极电流为 2mA，基极电流为 0.02mA，则三极管的发射极电流为______，三极管的电流放大倍数 β 为______。

16．三极管具有放大作用的外部电压条件是______。

17．当 NPN 型三极管处于放大状态时，______极电位最高。

18．硅三极管正常放大时，U_{BE} 基本不变，其值为______。

19．测得某电路 NPN 型三极管的 c、b、e 极电位分别为 7V、3V、2.3V，则此三极管工作状态为______。

四、综合题

1．下图中各管均为硅管，试判断其工作状态。

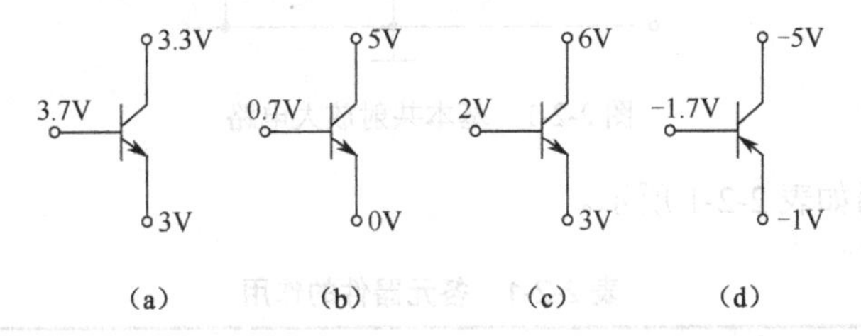

（a）　（b）　（c）　（d）

2．在一个放大电路中，三只三极管三个引脚①、②、③的电位分别如下表所示，将每只管子所用材料（Si 或 Ge）、类型（NPN 或 PNP）及引脚为哪个极（e、b 或 c）填入表中。

<table>
<tr><td colspan="2">管　号</td><td>T₁</td><td>T₂</td><td>T₃</td><td colspan="2">管　号</td><td>T₁</td><td>T₂</td><td>T₃</td></tr>
<tr><td rowspan="3">引 脚
电 位
/V</td><td>①</td><td>0.7</td><td>6.2</td><td>3</td><td rowspan="3">电 极
名 称</td><td>①</td><td></td><td></td><td></td></tr>
<tr><td>②</td><td>0</td><td>6</td><td>10</td><td>②</td><td></td><td></td><td></td></tr>
<tr><td>③</td><td>5</td><td>3</td><td>3.7</td><td>③</td><td></td><td></td><td></td></tr>
<tr><td colspan="2">材　料</td><td></td><td></td><td></td><td colspan="2">类　型</td><td></td><td></td><td></td></tr>
</table>

3．某三极管的输出特性曲线如下图所示，请在图中大致标出截止区、放大区、饱和区。

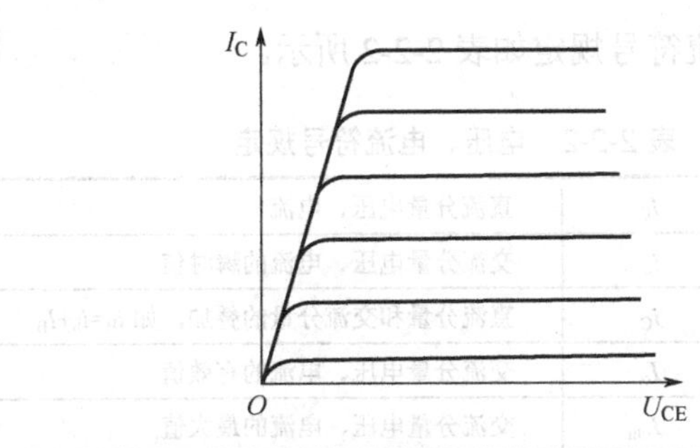

第二节 放大电路的构成及放大电路分析

【知识要点】

一、基本共射放大电路组成及元件作用

以三极管为核心的基本放大电路，输入信号 u_i 从三极管的基极和发射极之间输入，放大后输出信号 u_o 从三极管的集电极和发射极之间输出，发射极是输入、输出回路的公共端，故称该电路为基本共射放大电路，如图 2-2-1 所示。

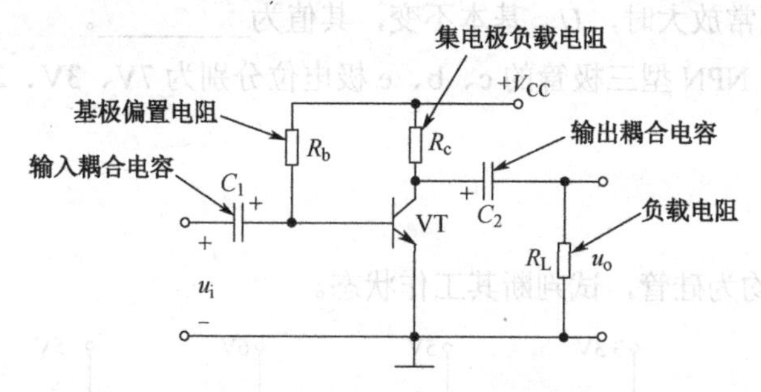

图 2-2-1 基本共射放大电路

各元器件的作用如表 2-2-1 所示。

表 2-2-1 各元器件的作用

符 号	元器件名称	元器件作用
VT	三极管	实现电流放大
R_b	基极偏置电阻	提供偏置电压
R_c	集电极负载电阻	提供集电极电流通路，将放大的集电极电流变化转换成集电极电压变化
C_2	输出耦合电容	隔直通交，把放大后的交流信号畅通地传送给负载
C_1	输入耦合电容	隔直通交，使信号源的交流信号畅通地传送到放大电路输入端
V_{CC}	直流电源	提供直流能量

二、静态工作点对放大器的影响

在放大电路中，电压、电流符号规定如表 2-2-2 所示。

表 2-2-2 电压、电流符号规定

U_{BE}	U_{CE}	I_B	I_C	直流分量电压、电流
u_i	u_o	i_b	i_c	交流分量电压、电流的瞬时值
u_{BE}	u_{CE}	i_B	i_C	直流分量和交流分量的叠加，如 $i_B=i_b+I_B$
U_i	U_o	I_i	I_o	交流分量电压、电流的有效值
U_{im}	U_{om}	I_{im}	I_{om}	交流分量电压、电流的最大值

（1）静态：无输入信号时的状态，即直流工作状态，此时电路中只有直流量。

（2）静态工作点：放大电路在静态时，三极管各电极上的电压和电流在输入、输出特性曲线上对应的 Q 点，称为静态工作点，如图 2-2-2 所示。在放大电路中，Q 点一般用 I_{BQ}、I_{CQ}、U_{BEQ}、U_{CEQ} 表示。

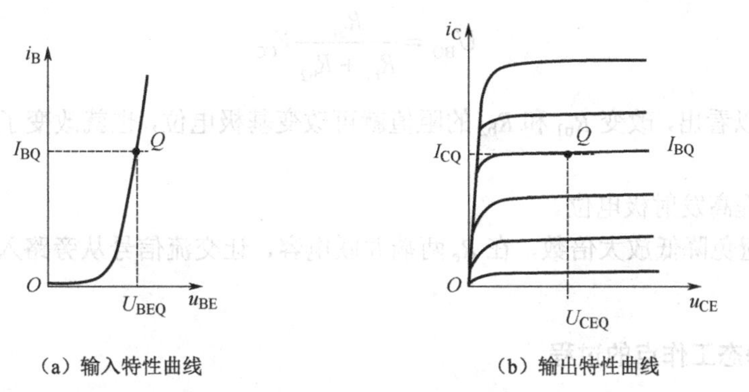

（a）输入特性曲线　　（b）输出特性曲线

图 2-2-2　静态工作点

当 Q 点过低时，输出波形出现顶部失真，又称截止失真；当 Q 点过高时，输出波形出现底部失真，又称饱和失真，因此为了避免放大电路的非线性失真，必须设置合适的静态工作点，才能保证放大电路不失真地放大输入信号。

基本共射放大电路结构简单，只要电源 V_{CC} 和基极偏置电阻 R_b 固定，I_B 也就固定了，所以又称为固定偏置放大电路。固定偏置放大电路的静态工作点变动到不合适的位置时将引起放大信号失真。因此，实际应用中，放大电路必须能自动稳定工作点，以保证尽可能大地输出动态范围和避免输出信号失真。

（3）动态：在放大电路中加入输入信号 u_i 后，三极管各电极电压、电流大小均在直流量的基础上，叠加了一个随 u_i 变化而变化的交流量，这时电路处于动态工作状态。

三、静态工作点的稳定

电源电压的波动、元件的老化及因温度变化所引起三极管参数的变化，都会造成静态工作点的不稳定，但由于半导体三极管的热敏特性，温度成为影响电路静态工作点的主要因素。基本放大电路结构简单，但静态工作点不稳定，实用性差。为了提高放大电路静态工作点的稳定性，一般采用如图 2-2-3 所示的分压式偏置放大电路。

1. 电路结构和元件作用

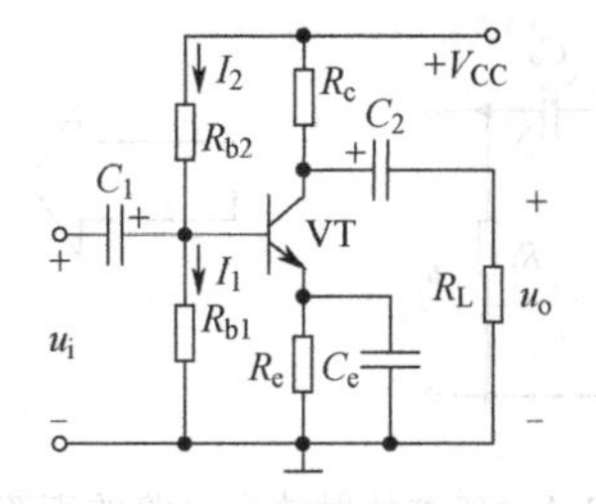

图 2-2-3　分压式偏置放大电路

与基本放大电路相比，分压式偏置放大电路多了三个元件，即 R_{b1}、R_e、C_e，其各自的作用分别如下。

（1）R_{b1}：为了稳定静态工作点，通常情况下，电路参数的选取应满足：$I_1 \approx I_2 >> I_{BQ}$，$I_1 \approx I_2$，因此基极电位由 R_{b1} 和 R_{b2} 分压决定，分压式偏置放大电路由此得名。

$$U_{BQ} = \frac{R_{b1}}{R_{b1} + R_{b2}} V_{CC}$$

由上式可以看出，改变 R_{b1} 和 R_{b2} 的阻值就可改变基极电位，也就改变了放大器的静态工作点。

（2）R_e：提高发射极电位。

（3）C_e：避免降低放大倍数，在 R_e 两端并联电容，让交流信号从旁路入地，故称为旁路电容。

2．稳定静态工作点的过程

分压式偏置放大电路的基极电压由 R_{b1}、R_{b2} 分压决定，而与三极管的参数无关。

当温度升高，分压式偏置放大电路稳定静态工作点的过程可表示为：

T（温度）↑（或 β↑）→I_{CQ}↑→I_{EQ}↑→U_{EQ}↑→U_{BEQ}↓→I_{BQ}↓→I_{CQ}↓

在上述稳定静态工作点的过程中，发射极电阻 R_e 起着重要的反馈作用。当输出回路电流 I_C 发生变化时，通过 R_e 上的电压变化来影响 b、e 间的电压，从而使基极电流 I_B 向相反方向变化，从而抑制了集电极电流 I_{CQ} 的增大，自动稳定了电路的静态工作点。

四、放大电路分析

（一）静态分析

1．直流通路

直流通路是指放大电路在 U_i=0，仅 V_{CC} 作用下直流电流所流过的路径。

画直流通路的原则如下。

（1）输入信号 u_i 短路。

（2）将电容视为开路（电容所在支路断开）。

（3）将电感视为短路。

例如，基本共射放大电路的直流通路如图 2-2-4 所示。

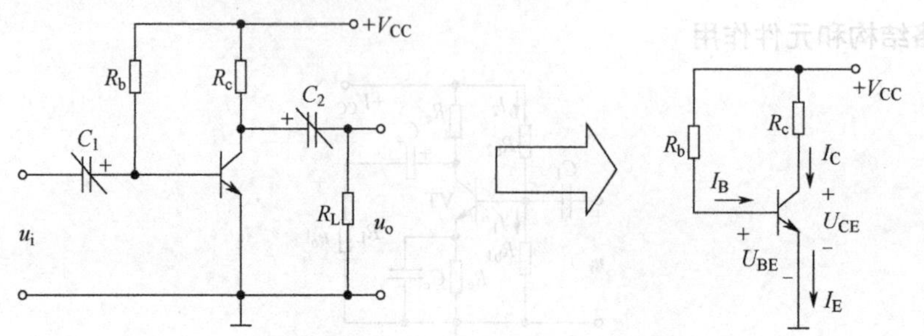

图 2-2-4　基本共射放大电路的直流通路

分压式偏置放大电路的直流通路如图 2-2-5 所示。

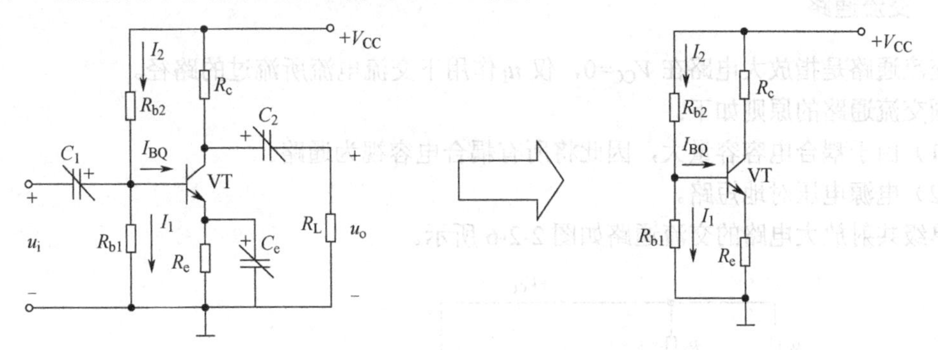

图 2-2-5　分压式偏置放大电路的直流通路

2．估算静态工作点

根据放大电路的直流通路求 I_{BQ}、I_{CQ} 和 U_{CEQ} 这三个量。

由图 2-2-4 所示的直流通路，可以得到固定偏置放大电路的静态工作点计算公式。

$$I_{BQ}=\frac{V_{CC}-U_{BEQ}}{R_b}$$

$$I_{BQ}\approx\frac{V_{CC}}{R_b}$$

$$I_{CQ}\approx\beta I_{BQ}$$

$$U_{CEQ}=V_{CC}-I_{CQ}R_c$$

根据图 2-2-5 所示的分压式偏置放大电路的直流通路可得出：

$$U_{BQ}=\frac{R_{b1}}{R_{b1}+R_{b2}}V_{CC}$$

$$I_{EQ}=\frac{U_{BQ}-U_{BEQ}}{R_e}$$

由于 $I_{CQ}\approx I_{EQ}$，因此

$$U_{CEQ}\approx V_{CC}-I_{CQ}(R_c+R_e)$$

$$I_{BQ}=\frac{I_{CQ}}{\beta}$$

（二）动态分析

1．动态性能指标

（1）电压放大倍数 A_u。

（2）输入电阻 R_i。

（3）输出电阻 R_o。

2．交流通路

交流通路是指放大电路在 V_{CC}=0，仅 u_i 作用下交流电流所流过的路径。

画交流通路的原则如下。

（1）由于耦合电容容量大，因此将所有耦合电容视为通路。

（2）电源电压对地短路。

单级共射放大电路的交流通路如图 2-2-6 所示。

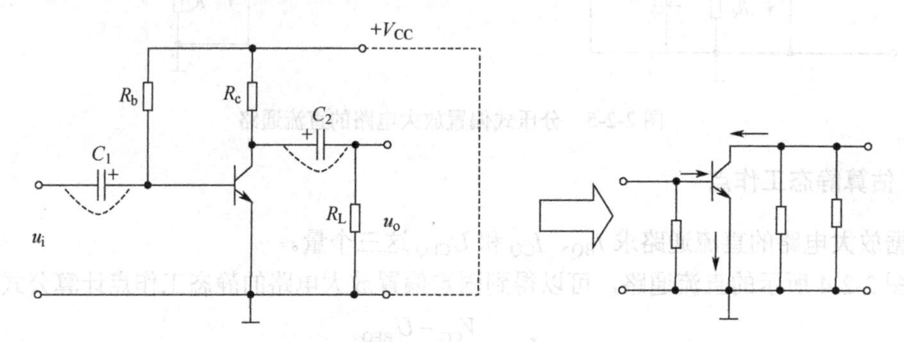

图 2-2-6　单级共射放大电路的交流通路

分压式偏置放大电路的交流通路如图 2-2-7 所示。

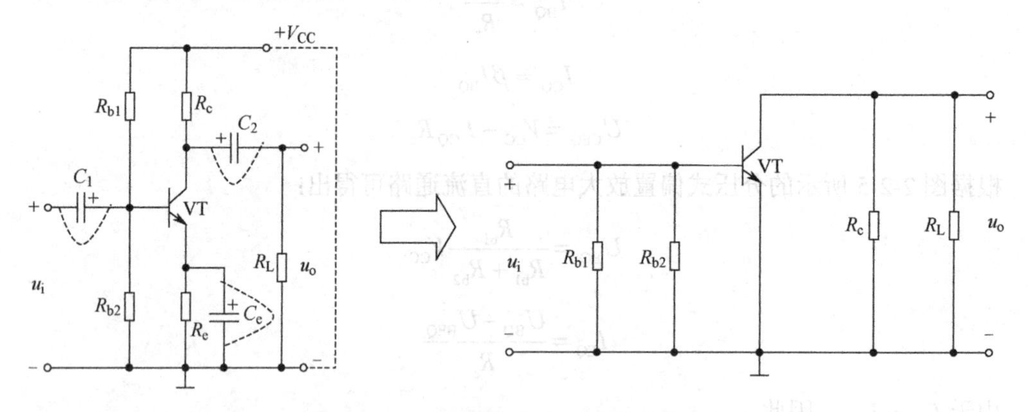

图 2-2-7　分压式偏置放大电路的交流通路

3．估算主要性能指标

根据放大电路的交流通路求 A_u、R_i 和 R_o 这些主要参数。

在图 2-2-6 固定偏置放大电路的交流通路中，三极管 b、e 之间存在一个等效电阻 r_{be}，通常用下式近似计算：

$$r_{be}=300+(1+\beta)\frac{26(\text{mV})}{I_E(\text{mA})}$$

1）电压放大倍数 A_u

根据放大倍数的定义，从电路的交流通路上可得

$$U_i=I_i(R_b//r_{be})\approx I_b r_{be}$$

$$U_o = -I_c(R_c // R_L) = -I_c R'_L$$

故电压放大倍数为

$$A_u = \frac{U_o}{U_i} = -\frac{I_c R'_L}{I_b r_{be}} = -\beta \frac{I_b R'_L}{I_b r_{be}}$$

$$A_u = -\frac{\beta R'_L}{r_{be}}$$

2）输入电阻 R_i

R_i 是从放大电路的输入端看进去的等效电阻，$U_i = I_i(R_b // r_{be})$，所以输入电阻为

$$R_i = R_b // r_{be}$$

3）输出电阻 R_o

根据输出电阻 R_o 的定义，R_o 是从放大电路的输出端（负载 R_L 之前）看进去的等效内阻。可以得出：

$$R_o = R_c$$

共射放大电路的交流通路如图 2-2-8 所示。

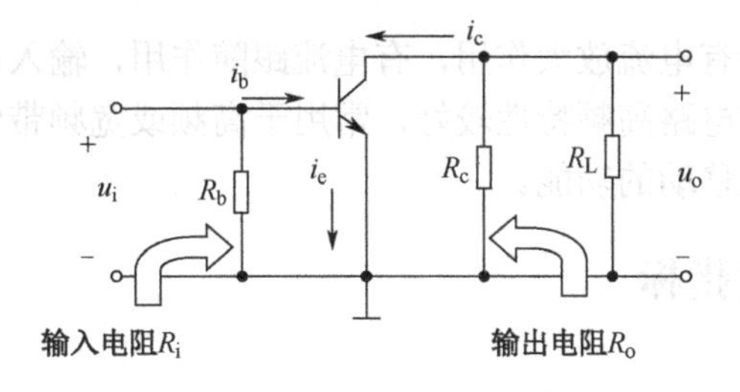

图 2-2-8　共射放大电路的交流通路

分压式偏置放大电路通过 R_e 的负反馈作用稳定了电路的静态工作点，但是并没有改变动态性能参数。

五、共集电极放大电路

1. 电路结构

射极跟随器（也叫作射极输出器）是一种共集电极组态的放大电路，如图 2-2-9 所示。

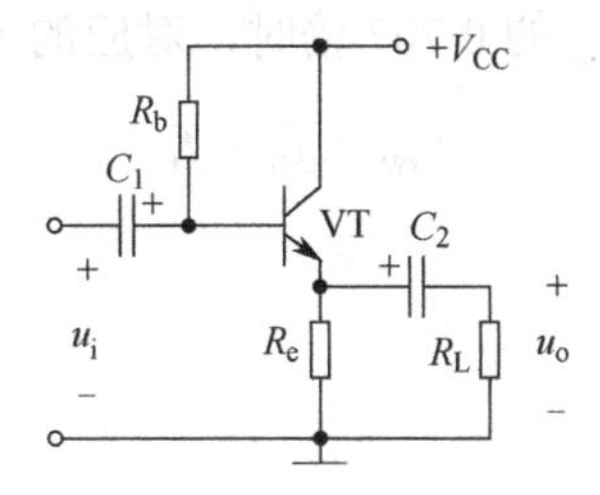

图 2-2-9　共集电极放大电路

2. 电路特点

（1）电压增益小于 1，但接近于 1，输出与输入同相。

（2）输入电阻大，对电压信号源衰减小。

（3）输出电阻小，带负载能力强。

射极输出器虽然没有电压放大作用，但电流放大作用仍然存在，并且具有射极跟随性和输入电阻大、输出电阻小的特点，作输出级可以向负载输出较大的功率。

六、放大电路三种组态的特点和用途

1．共射放大电路

电压和电流增益都大于 1，输入电阻在三种组态中居中，输出电阻与集电极电阻有很大关系。共射放大电路适用于低频情况下，作多级放大电路的中间级。

2．共集电极放大电路

只有电流放大作用，没有电压放大作用，有电压跟随作用。在三种组态中，输入电阻最大，输出电阻最小，频率特性好。共集电极放大电路可用于输入级、输出级或缓冲级。

3．共基极放大电路

有电压放大作用，没有电流放大作用，有电流跟随作用，输入电阻小，输出电阻与集电极电阻有关。共基极放大电路高频特性较好，常用于高频或宽频带低输入阻抗的场合，在模拟集成电路中也兼有电位移动的功能。

七、放大电路性能指标

（1）电压放大倍数 A_u

$$A_u = \frac{U_o}{U_i}$$

（2）功率放大倍数 A_P

$$A_P = \frac{P_o}{P_i}$$

（3）输入电阻 R_i：输入端看进去的交流等效电阻，大些较好。

（4）输出电阻 R_o：输出端看进去的交流等效电阻，与负载无关，输出电阻越小，放大电路带负载的能力越强，所以输出电阻越小越好。

（5）通频带 f_{BW}：当下降到 A_{um} 的 0.707 倍时，对应的 f_H 与 f_L 之差，即

$$f_{BW} = f_H - f_L$$

八、多级放大器

（一）多级放大器的耦合方式

多级放大电路中，级与级之间的连接称为耦合，耦合方式就是指连接方式。常用的耦合方式有阻容耦合、变压器耦合和直接耦合三种。多级放大器的耦合方式如表 2-2-3 所示。

表 2-2-3　多级放大器的耦合方式

耦合方式	电路形式	连接特点	电路特点
直接耦合	R_{b1} R_{c1} R_{c2} VT_1 VT_2 R_{b2} R_e u_i u_o	前、后级连接无电抗性元件（电容或电感）	前、后级的静态工作点相互牵扯，能放大交流和直流信号
阻容耦合	R_{b1} R_{c1} R_{b2} R_{c2} C_1 C_2 C_3 VT_1 VT_2 u_i u_o	前、后级之间通过电容连接起来，传输交流信号	各级静态工作点独立，交流信号传输损耗小，不能传输直流信号或变化缓慢的交流信号
变压器耦合	T C_2 R_{b11} R_{b21} R_L u_o C_1 VT_1 VT_2 u_i R_{b12} R_{e1} C_{e1} R_{b22} C_b R_{e2} C_{e2}	前、后级之间通过变压器连接起来，传输交流信号	各级静态工作点独立，不能传输直流信号

（二）多级放大器的性能指标

1. 电压放大倍数

设三级放大器各级电压放大倍数分别为 A_{u1}、A_{u2}、A_{u3}，则总电压放大倍数为

$$A_u = A_{u1} \cdot A_{u2} \cdot A_{u3}$$

一般将用分贝表示的放大倍数称为增益，用 G 表示。

功率增益 G_P 定义为

$$G_P = 10\lg \frac{P_o}{P_i}(\text{dB})$$

若输入电阻和输出电阻相等，则电压增益 G_u 为

$$G_u = 20\lg \frac{U_o}{U_i}(\text{dB})$$

若用分贝（dB）表示，则多级放大总增益为各级增益的代数和，即

$$G_u(\text{dB}) = G_{u1}(\text{dB}) + G_{u2}(\text{dB})$$

2. 输入电阻

由于输入级连接着信号源，它的主要任务是从信号源获得输入信号。

多级放大电路的输入电阻就是输入级的输入电阻，即

$$R_i = R_{i1}$$

3．输出电阻

多级放大电路的输出级就是电路的最后一级，其作用是推动负载工作。

多级放大电路的输出电阻就是输出级的输出电阻，即

$$R_o = R_{on}$$

4．通频带

电路电压放大倍数的幅度与频率的关系称为放大电路的幅频特性，可用幅频特性曲线表示，如图 2-2-10 所示。

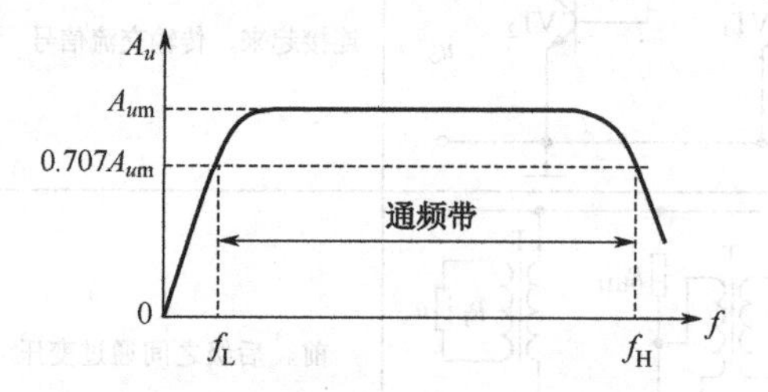

图 2-2-10　阻容耦合放大电路的幅频特性

工程上将放大倍数下降到 A_{um} 的 $\frac{1}{\sqrt{2}}$ 倍时，所对应的低端频率 f_L 称为下限频率，高端频率 f_H 称为上限频率。f_L 与 f_H 之间的频率范围称为通频带，用 BW 表示，则

$$BW = f_H - f_L$$

多级放大器的级数越多，低频段和高频段的放大倍数下降越快，通频带就越窄，因此多级放大器提高了电压放大倍数，但这是以牺牲通频带为代价的。

【典例解析】

例 1:（2016 年高考真题）下图所示放大电路中，已知三极管的 β=100，R_c =2kΩ，E_C =12V，U_{BEQ} 忽略不计。

（1）若测得静态管压降 U_{CEQ} =6V，求 I_{CQ}、I_{BQ}、R_b；

（2）若测得 u_i 和 u_o 的有效值分别为 1mV 和 100mV，求电路的电压放大倍数 A_u。

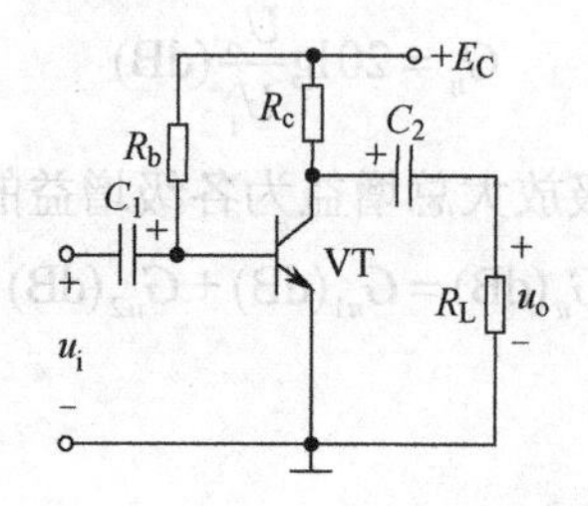

解：

$\because U_{CEQ}=E_C-I_{CQ}R_c$

$\therefore I_{CQ}=\dfrac{E_C-U_{CEQ}}{R_c}=\dfrac{(12-6)\text{V}}{2\text{k}\Omega}=3\text{mA}$

$I_{BQ}=\dfrac{I_{CQ}}{\beta}=30\mu\text{A}$

$R_b=\dfrac{E_C}{I_{BQ}}=\dfrac{12\text{V}}{30\mu\text{A}}=400\text{k}\Omega$

例 2：（2017 年高考真题）单管共射放大电路的输出信号与输入信号相位相反。（　　）

分析： 在三极管的三种组态中，共发射极组态的输出信号与输入信号相位相反，而共基极和共集电极的输出信号与输入信号相位都相同。

例 3：（2015 年高考真题）在两级放大器中，如果各级放大器的电压放大倍数均为 100，则该两级放大器的总电压放大倍数为 200。（　　）

分析： 多级放大器的电压放大倍数为各级电压放大倍数的积。

例 4： 某共射放大电路中，已知三极管 β 值为 60，直流供电电源为 12V，基极电阻 R_b=120kΩ，集电极电阻 R_c=1.5kΩ，负载电阻 R_L=3kΩ，求该电路静态工作点。

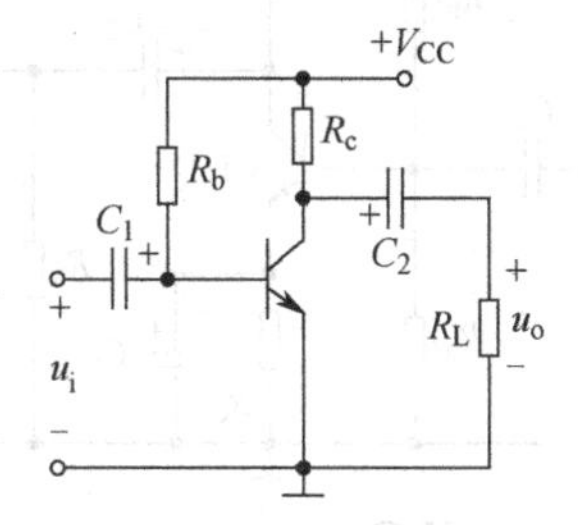

解： 求静态工作点就是求 I_{BQ}、I_{CQ} 和 U_{CEQ} 的值。

$I_{BQ}=\dfrac{V_{CC}}{R_b}=\dfrac{12\text{V}}{120\text{k}\Omega}=100\mu\text{A}$

$I_{CQ}=\beta I_{BQ}=60\times100\mu\text{A}=6\text{mA}$

$U_{CEQ}=V_{CC}-I_{CQ}R_c=\left(12-6\times10^{-3}\times1.5\times10^{3}\right)\text{V}=3\text{V}$

例 5：（2018 年高考真题）下图所示放大电路，已知

R_{b1}=40kΩ，R_{b2}=20kΩ，R_c=1kΩ，R_e=1kΩ，R_L=8kΩ，E_C=24V，β=100，U_{BEQ}=0.7V。

（1）求三极管的基极电位 U_{BQ}、发射极电位 U_{EQ}。

（2）求电路的静态工作点 I_{BQ}、I_{CQ} 和 U_{CEQ}。

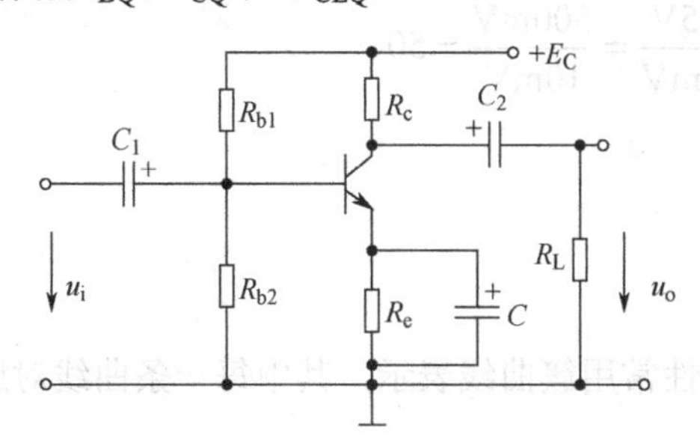

解：（1）$U_{BQ}=\dfrac{R_{b2}}{R_{b1}+R_{b2}}E_C=\dfrac{20k\Omega}{40k\Omega+20k\Omega}\times 24V=8V$

$\because U_{BEQ}=U_{BQ}-U_{EQ}$

$\therefore U_{EQ}=U_{BQ}-U_{BEQ}=8V-0.7V=7.3V$

（2）$I_{EQ}=\dfrac{U_{EQ}}{R_e}=\dfrac{7.3V}{1k\Omega}=7.3mA$

$I_{CQ}\approx I_{EQ}=7.3mA$

$I_{BQ}=\dfrac{I_{CQ}}{\beta}=\dfrac{7.3mA}{100}=73\mu A$

$U_{CEQ}=E_C-I_{CQ}(R_c+R_e)=24V-7.3mA\times 2k\Omega=24V-14.6V=9.4V$

例 6：（2020 年高考真题）下图所示放大电路，已知 R_{b1}=20kΩ，R_{b2}=10kΩ，R_c=R_e=R_L=2kΩ，E_C=12V，β=50，U_{BEQ}=0.6V。

（1）求三极管的静态工作点 U_{BQ}、U_{EQ}、I_{EQ}、I_{BQ}；

（2）若测得 u_i 和 u_o 的有效值分别为 10mV 和 0.5V，求电压放大倍数 A_u 的大小。

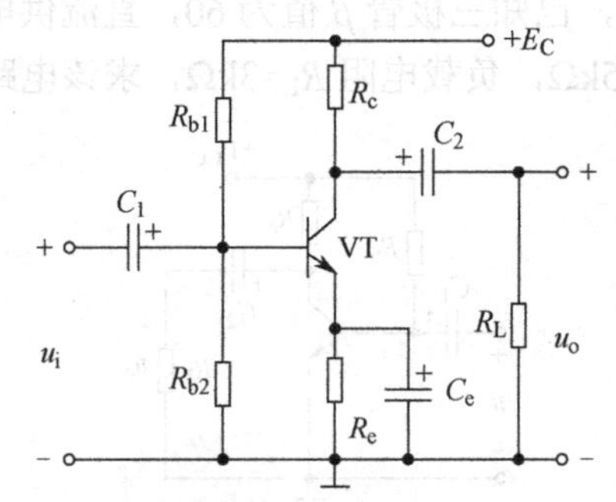

解：（1）$U_{BQ}=\dfrac{R_{b2}}{R_{b1}+R_{b2}}E_C=\dfrac{10k\Omega}{20k\Omega+10k\Omega}\times 12V=4V$

$\because U_{BEQ}=U_{BQ}-U_{EQ}$

$\therefore U_{EQ}=U_{BQ}-U_{BEQ}=4V-0.6V=3.4V$

$I_{EQ}=\dfrac{U_{EQ}}{R_e}=\dfrac{3.4V}{2k\Omega}=1.7mA$

$I_{CQ}\approx I_{EQ}=1.7mA$

$I_{BQ}=\dfrac{I_{CQ}}{\beta}=\dfrac{1.7mA}{50}=34\mu A$

（2）$A_u=\dfrac{U_o}{U_i}=\dfrac{0.5V}{10mV}=\dfrac{500mV}{10mV}=50$

【同步精练】

一、选择题

1. 三极管共射输出特性常用簇曲线表示，其中每一条曲线对应一个特定的（　　）。

A．i_C　　B．u_{CE}　　C．i_B　　D．i_E

2．放大电路的三种组态（　　）。

A．都有电压放大作用　　B．都有电流放大作用

C．都有功率放大作用　　D．只有共射放大电路有功率放大作用

3．温度影响了放大电路中的（　　），从而使静态工作点不稳定。

A．电阻　　B．电容

C．三极管　　D．电源

4．一个由 NPN 型硅管组成的基本共射放大电路，若输入电压 u_i 的波形为正弦波，而用示波器观察到输出电压的波形出现削底失真，那是因为（　　）造成的。

A．Q 点偏高出现的饱和失真　　B．Q 点偏低出现的截止失真

C．Q 点合适，u_i 过大　　D．Q 点偏高出现的截止失真

5．检查放大电路中的三极管在静态的工作状态（工作区），最简便的方法是测量（　　）。

A．I_{BQ}　　B．U_{BE}　　C．I_{CQ}

6．下列各种基本放大电路中可作为电压跟随器的是（　　）。

A．共发射极放大电路　　B．共基极放大电路

C．共集电极放大电路　　D．以上都是

7．一个三级放大器，各级放大电路的输入阻抗分别为 R_{i1}=1MΩ、R_{i2}=100kΩ、R_{i3}=200kΩ，则此多级放大电路的输入阻抗为（　　）。

A．1MΩ　　B．100kΩ

C．200kΩ　　D．1.3kΩ

8．在放大交流信号的多级放大器中，放大级之间主要采用（　　）两种方法。

A．阻容耦合和变压器耦合　　B．阻容耦合和直接耦合

C．变压器耦合和直接耦合　　D．以上都不是

9．由三极管构成的三种放大电路中，没有电压放大作用但有电流放大作用的是（　　）。

A．共集电极放大电路　　B．共基极放大电路

C．共发射极放大电路　　D．以上都不是

10．在单管共射固定式偏置放大电路中，为了使工作于截止状态的三极管进入放大状态，可采用的办法是（　　）。

A．增大 R_c　　B．减小 R_b

C．减小 R_c　　D．增大 R_b

11．三极管放大电路如右图所示。若要减小该电路的静态基极电流 I_{BQ}，应使（　　）。

A．R_b 减小

B．R_b 增大

C．R_c 减小

D．R_c 增大

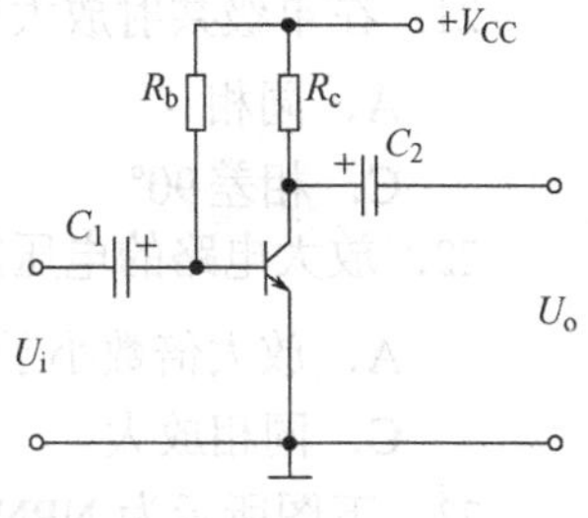

12．带发射极电阻 R_e 的共射放大电路，在并联交流旁路电容 C_e 后，其电压放大倍数（　　）。

A．减小　　B．增大

C．不变　　　　　　　　　　　　D．变为零

13．三极管参数为 P_{CM}=800mW、I_{CM}=100mA、$U_{BR(CEO)}$=30V，在下列几种情况中，（　　）属于正常工作。

A．U_{CE}=15V，I_C=150mA　　　　B．U_{CE}=20V，I_C=80mA

C．U_{CE}=35V，I_C=100mA　　　　D．U_{CE}=10V，I_C=50mA

14．多级放大电路的总放大倍数是各级放大倍数的（　　）。

A．和　　　　B．差　　　　C．积　　　　D．商

15．某放大器由三级组成，已知每级电压放大倍数为 kV，则总放大倍数为（　　）。

A．3kV　　　　　　　　　　　　B．$(kV)^3$

C．$(kV)^3/3$　　　　　　　　　　D．kV

16．在多级放大电路中，经常采用功率放大电路作为（　　）。

A．输入级　　　　　　　　　　B．中间级

C．输出级　　　　　　　　　　D．输入级和输出级

17．为了使放大器具有较强的带负载能力，一般选用（　　）。

A．共发射极放大器　　　　　　B．共集电极放大器

C．共基极放大器

18．在基本共射放大电路中，偏置电阻 R_b 增大，则三极管的（　　）。

A．U_{CEQ} 减小　　　　　　　　B．I_{CQ} 减小

C．I_{CQ} 增大　　　　　　　　　D．I_{BQ} 增大

19．在基本共射放大器中，产生饱和失真的波形为（　　）。

A．　　　　　　　　　　　　　B．

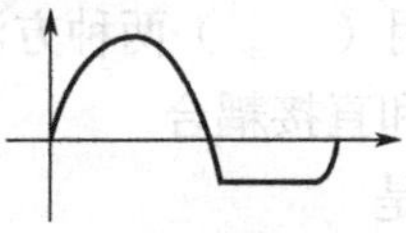

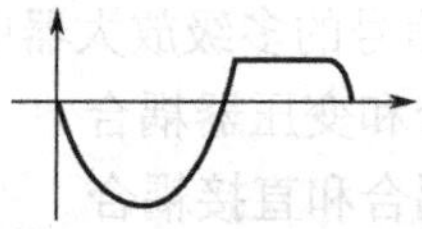

C． 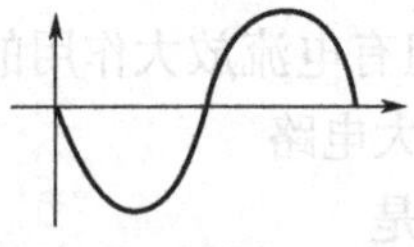　　　　　　　　　　　　　D．

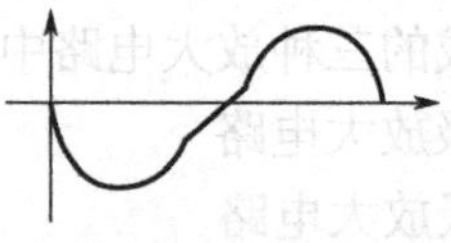

20．在基本共射放大电路中，适当增大 R_c，电压放大倍数和输出电阻的变化为（　　）。

A．放大倍数变大，输出电阻变大　　B．放大倍数变大，输出电阻不变

C．放大倍数变小，输出电阻变大　　D．放大倍数变小，输出电阻变小

21．在单级共射放大电路中，若输入电压为正弦波形，则 u_o 和 u_i 的相位（　　）。

A．同相　　　　　　　　　　　B．反相

C．相差90°　　　　　　　　　　D．不确定

22．放大电路的电压放大倍数 A_u=−40，其中负号表示（　　）。

A．放大倍数小于0　　　　　　　B．直流电源是负电源

C．同相放大　　　　　　　　　D．反相放大

23．下图所示为 NPN 型单管共射放大电路的输入波形 u_i 与输出波形 u_o，该电路发生失真的类型是（　　）。

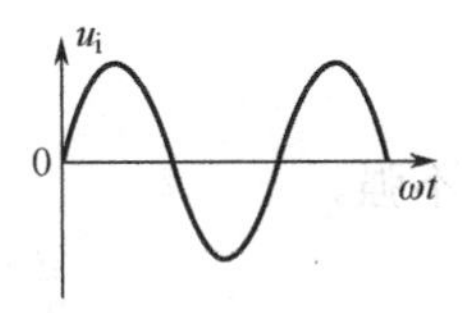

A．截止失真　　　　　　　　　　　　　B．饱和失真

C．交越失真　　　　　　　　　　　　　D．既有饱和失真，也有截止失真

24．下列电路中，能实现交流放大的是（　　）。

A.（a）图　　　B．（b）图　　　C．（c）图　　　D．（d）图

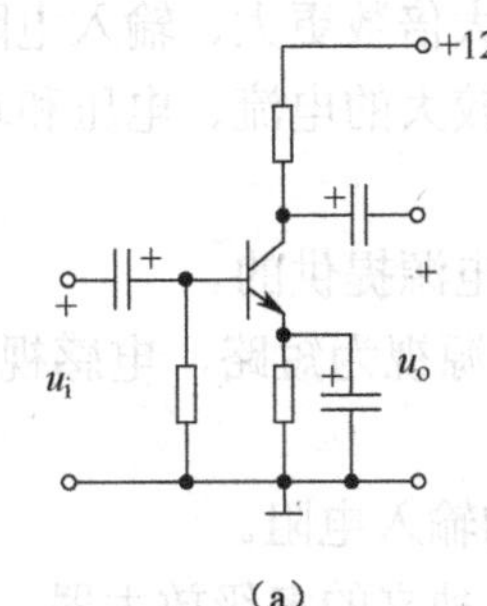

（a）

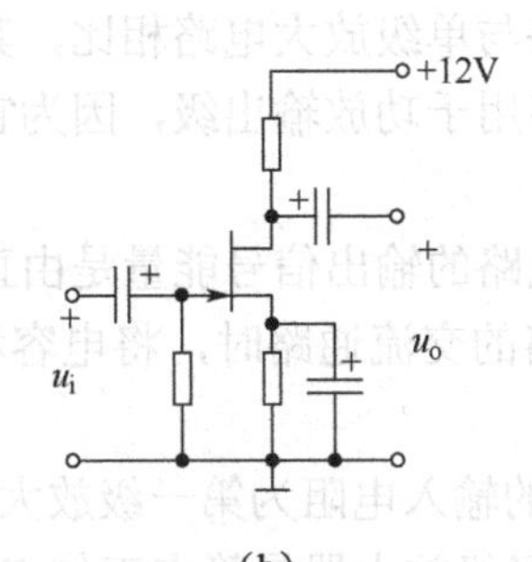

（b）

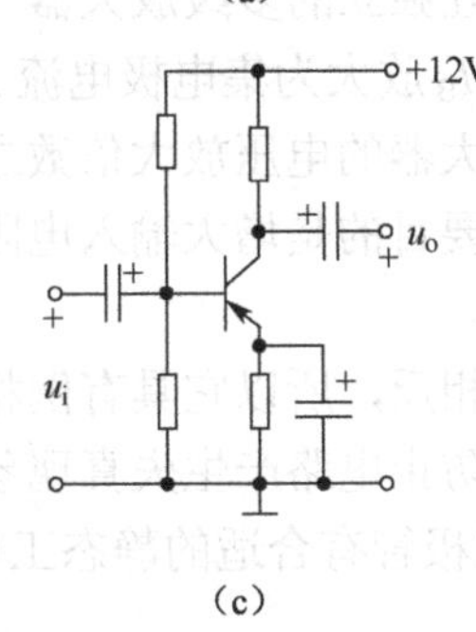

（c）

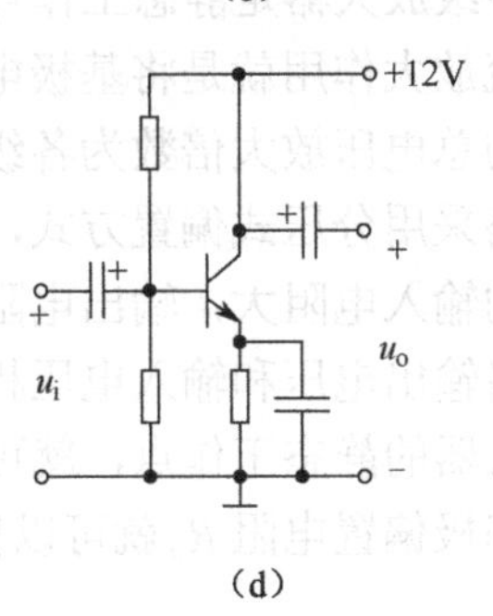

（d）

25．射极输出器的输入电阻大，这说明该电路（　　）。

A．带负载能力强　　　　　　　　　　　B．带负载能力差

C．不能带动负载　　　　　　　　　　　D．能减轻前级放大器或信号源负荷

26．对三极管共集电极放大电路描述正确的是（　　）。

A．基极是输入端，发射极是输出端

B．发射极是输入端，基极是输出端

C．发射极是输入端，集电极是公共端

D．集电极是输入端，发射极是输出端

27．静态工作点对放大器的影响，以下叙述正确的是（　　）。

A．静态工作点偏高，产生截止失真

B．静态工作点偏低，产生饱和失真

C．静态工作点偏高，产生饱和失真

D．以上选项都不对

二、判断题

1．固定偏置电路的工作稳定性太差，实用性不强。（　）

2．基本放大电路通常都存在零点漂移现象。（　）

3．放大器的输入电阻越小越好，输出电阻越大越好。（　）

4．放大器能将微弱的输入信号放大成电压或功率较大的信号输出，因此，我们说三极管具有能量放大作用。（　）

5．三极管放大电路出现饱和失真，是由于静态电流 I_{CQ} 偏小。（　）

6．多级放大电路与单级放大电路相比，其放大倍数更大、输入电阻更高。（　）

7．射极输出器多用于功放输出级，因为它有较大的电流、电压和功率放大倍数。（　）

8．三极管放大电路的输出信号能量是由直流电源提供的。（　）

9．在画放大电路的交流通路时，将电容和电源视为短路，电感视为开路，其余元件保留。（　）

10．多级放大器的输入电阻为第一级放大器的输入电阻。（　）

11．阻容耦合的多级放大器是静态工作点相互独立的多级放大器。（　）

12．三极管的电流放大作用就是将基极电流 I_B 放大为集电极电流 I_C。（　）

13．多级放大器的总电压放大倍数为各级放大器的电压放大倍数之和。（　）

14．单管放大电路采用分压式偏置方式，主要目的是增大输入电阻。（　）

15．射极输出器的输入电阻大，输出电阻小。（　）

16．共射放大电路输出电压和输入电压相位相反，所以它具有倒相作用。（　）

17．合理设置放大器的静态工作点，就可以防止电路产生失真现象。（　）

18．选择合适的基极偏置电阻 R_b 就可以使三极管有合适的静态工作点。（　）

三、填空题

1．根据三极管的放大电路的输入回路与输出回路公共端的不同，可将三极管放大电路分为________、________、________三种。

2．为了使放大电路输出波形不失真，除需设置________外，还需输入信号________。

3．为了保证不失真地放大，放大电路必须设置静态工作点。对于NPN型三极管组成的基本共射放大电路，如果静态工作点太低，将会产生________失真，应调 R_b，使其________，则 I_B________，这样可克服失真。

4．共射组态既有________放大作用，又有________放大作用。

5．画放大器交流通路时，________和________应作短路处理。

6．输入电压为20mV，输出电压为2V，放大电路的电压增益为________。

7．多级放大电路的级数越多，则上限频率 f_H 越________。

8．共射放大电路电压放大倍数是______与____的比值。

9．共基极组态中，三极管的基极为公共端，________极为输入端，________极为输出端。

10．温度升高对三极管各种参数的影响，最终将导致 I_C________，静态工作点________。

11．一般情况下，三极管的电流放大倍数随温度的升高而________，发射结的导通压降U_{BE}则随温度的升高而________。

12．在多级放大器中，前级是后级的________，后级是前级的________。

13．多级放大器中每两个单级放大器之间的连接称为耦合。常用的耦合方式有________、________、________。

14．在多级放大电路的耦合方式中，只能放大交流信号，不能放大直流信号的是________放大电路；既能放大直流信号，又能放大交流信号的是________放大电路，________放大电路各级静态工作点是互不影响的。

15．在实际应用中，为了稳定放大电路的静态工作点，常采用______放大电路。

16．一个完整的放大电路必须具有_________元件，同时还须满足_________和_________条件。

17．某放大器输入信号电压为 20mV，输出信号电压为 2V，则放大器电压放大倍数为________。

18．当频率变化使放大器的放大倍数下降到正常值的_________倍时，对应的高端频率f_H与低端频率f_L之差称为通频带。

19．当输入电压为正弦波时，由 NPN 型三极管构成的共射放大电路的输出波形的正半周被削顶了，这是由于电路的静态工作点过_________。

20．多级放大电路级联的级数越多，则多级放大电路总的电压放大倍数就越_________。

21．对直流通路而言，放大电路中的电容应视为_________。

四、综合题

1．电路如下图所示，请画出直流通路和交流通路。

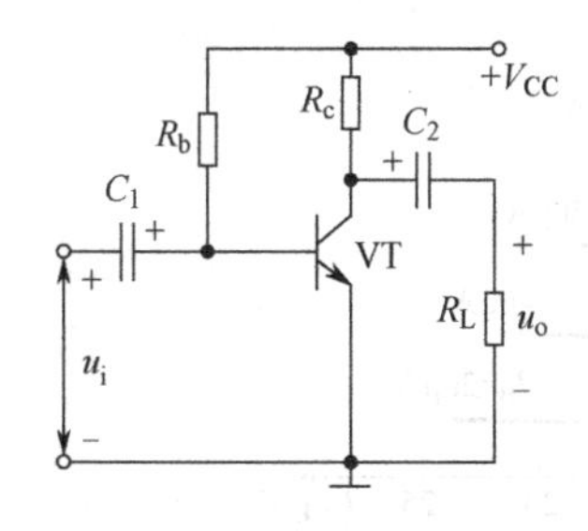

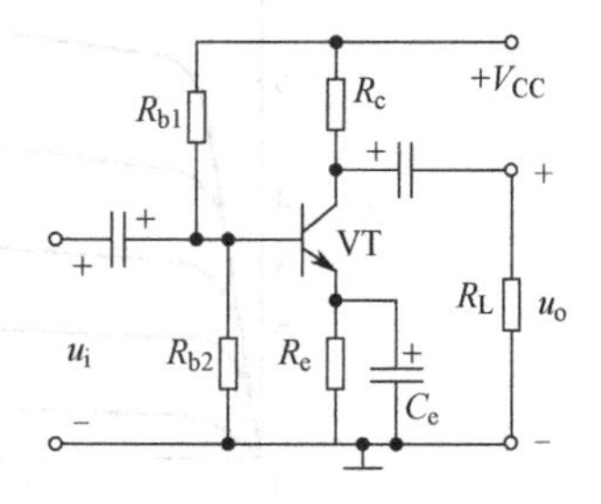

2．放大电路如下图所示，已知R_b=300kΩ，R_c=3kΩ，R_L=2kΩ，三极管的电流放大倍数β=50，电源电压V_{CC}=10V，求：

（1）放大器的静态工作点；（2）输入电阻；（3）输出电阻；（4）放大器的电压放大倍数。

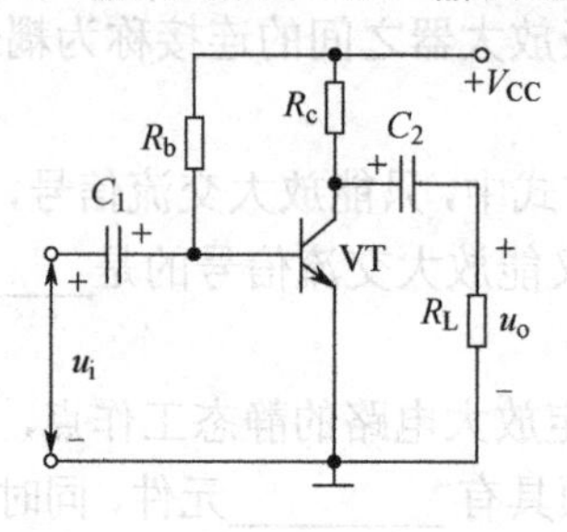

3．某三极管输出特性曲线如下图所示，当I_B=60μA、U_{CE}=10V时，求I_C及β。

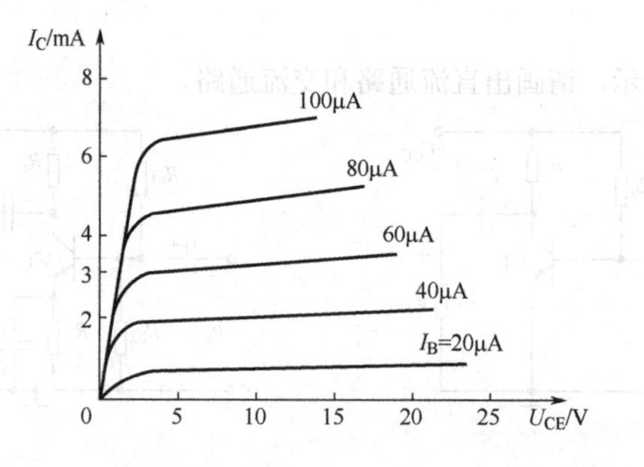

4．放大电路如下图所示，已知三极管的β=50，U_{BEQ}=0.7V。

（1）估算静态工作点I_{CQ}、I_{BQ}、U_{CEQ}。

（2）用流程图说明温度升高时，稳定静态工作点的过程。

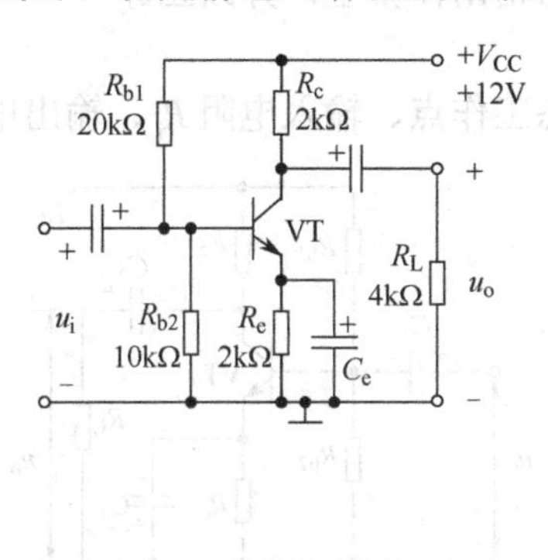

5．NPN型三极管接成如下图所示的放大电路。试分析：

（1）已知V_{CC}=15V，若要把放大器的静态集电极电流I_C调到2.4mA，R_b应为多大？

（2）若要把三极管的U_{CEQ}调到5.4V，R_b应为多大？

（3）已知三极管的r_{be}=1kΩ，求电压放大倍数A_u。

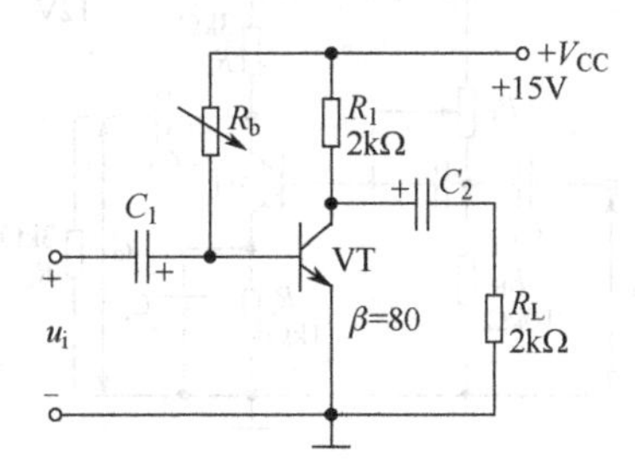

6．在如图所示电路中，已知E_C=12V，R_{b1}=150kΩ，R_{b2}=50kΩ，R_L=2kΩ，R_e=1.15kΩ，U_{CEQ}=0.7V，R_c=2kΩ，β=50。

（1）该图中有3处错误，请指出在哪里，并改正。

（2）指出R_e和C_e的作用。

（3）根据改正的图，求静态工作点、输入电阻R_i、输出电阻R_o。

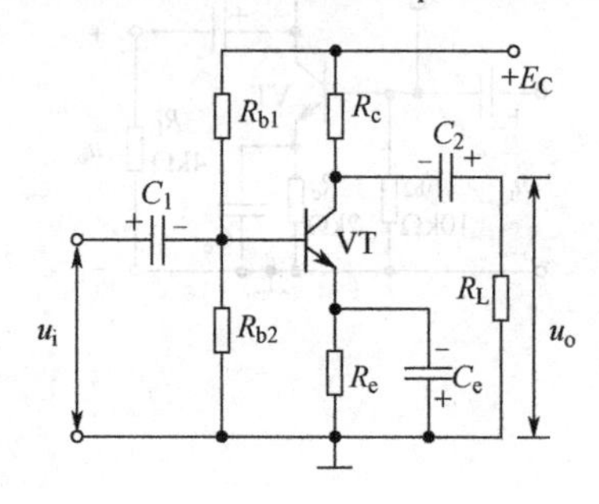

7．在下图中试计算I_e=1.5mA时R_P的值，已知U_{BEQ}=0.7V，β=50，求静态工作点和A_u。

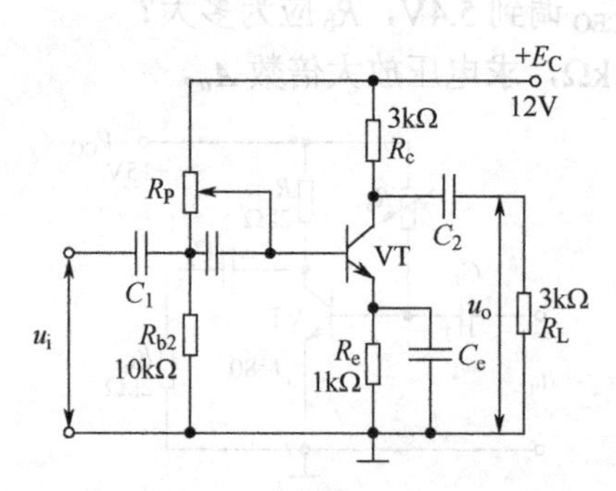

8．如图所示，已知$E_C = 15V$，$U_{CEQ} = 6V$，$I_{CQ} = 3mA$，$U_{BEQ} = 0.7V$，$\beta = 60$，求R_b和R_c的值。

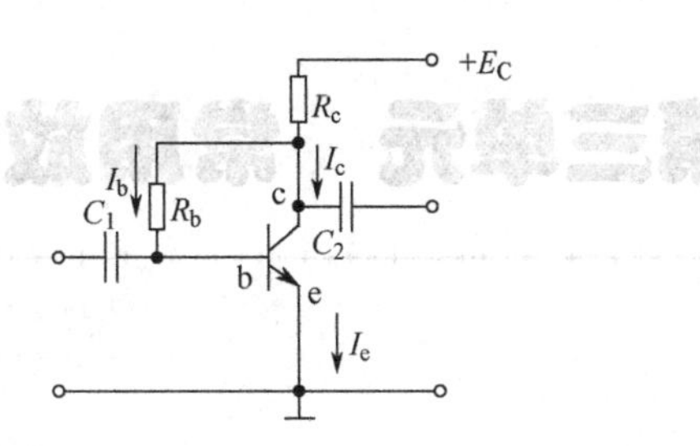

第三单元 常用放大器

知识框架

1．集成运算放大器知识结构框图。

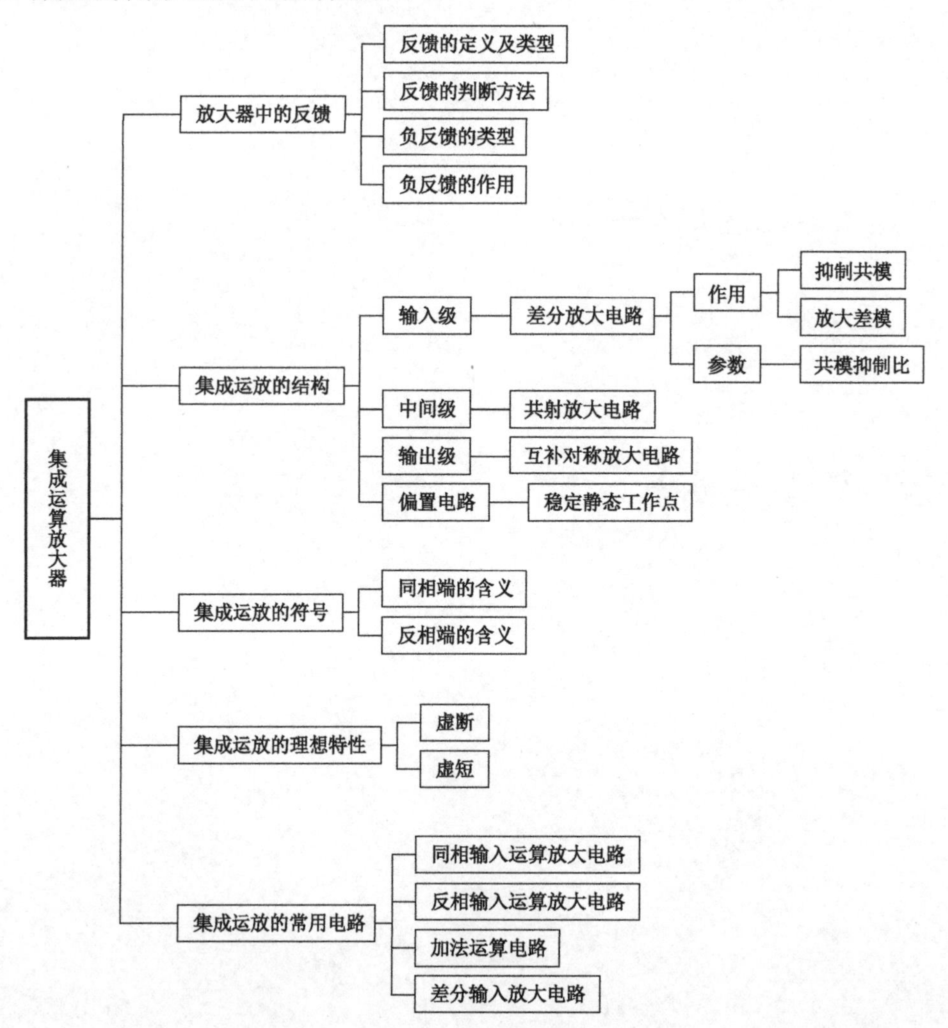

2．功率放大器知识结构框图。

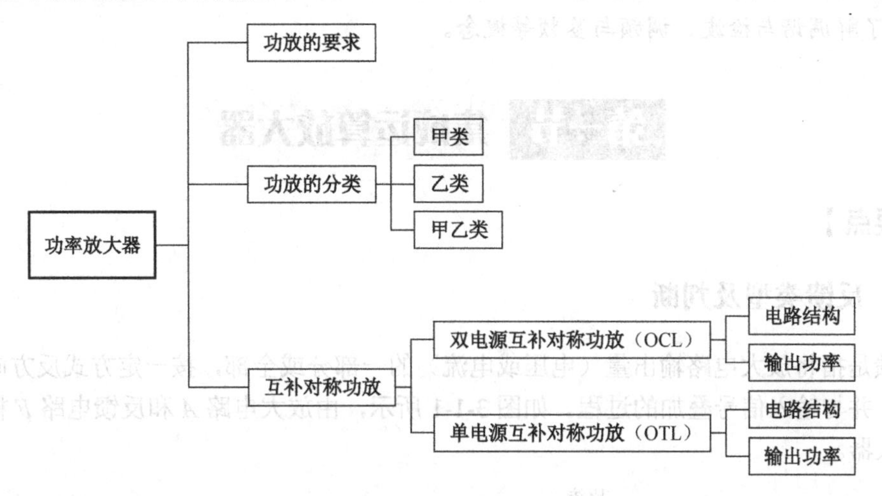

3．正弦波振荡器知识结构框图。

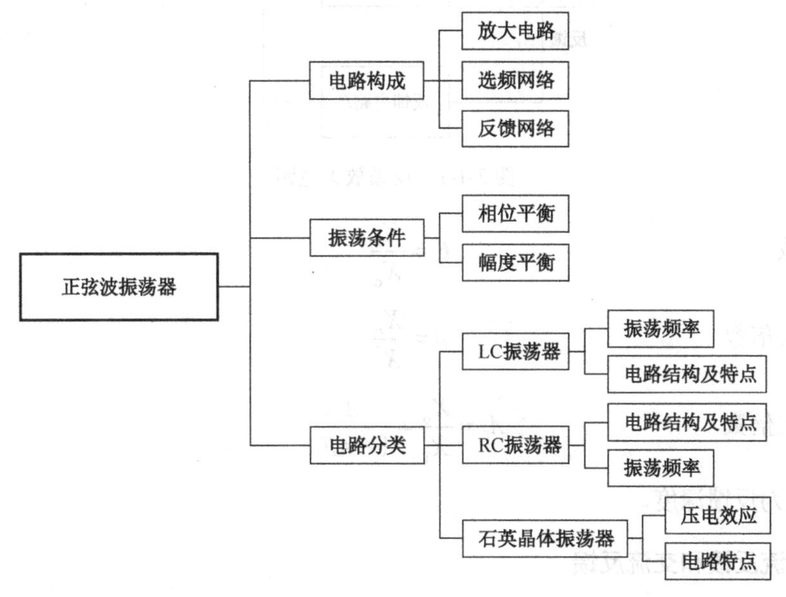

考纲要求

1．理解反馈的概念、反馈的种类。
2．了解负反馈对放大器性能的影响，会判断负反馈的四种类型。
3．理解集成运放的组成、主要参数，以及虚短、虚断的概念。
4．掌握集成运放常用电路的结构，会计算各电路的输出电压。
5．了解功放的要求及分类，掌握 OCL、OTL 功放的工作原理，能估算各自的输出功率。

6. 理解LC振荡器和RC振荡器的振荡条件和振荡频率。
7. 了解调谐与检波、调频与鉴频等概念。

第一节 集成运算放大器

【知识要点】

一、反馈类型及判断

反馈是指将放大电路输出量（电压或电流）的一部分或全部，按一定方式反方向送回到输入端，并与输入信号叠加的过程。如图3-1-1所示，由放大电路A和反馈电路F构成一个闭环放大器。

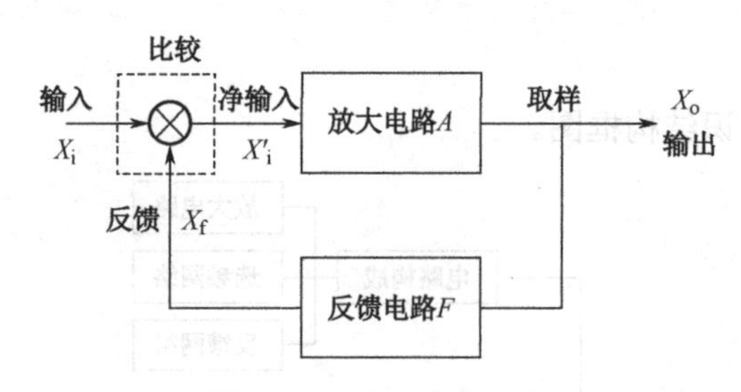

图3-1-1 反馈放大电路

反馈系数 $F=\dfrac{X_f}{X_o}$

开环放大倍数 $A=\dfrac{X_o}{X_i'}$

闭环放大倍数 $A_f=\dfrac{X_o}{X_i}=\dfrac{A}{1+AF}$

式中，$1+AF$为反馈深度。

（一）直流反馈和交流反馈

1. 直流反馈

若电路将直流量反馈到输入回路，则称之为直流反馈。该电路引入直流反馈的目的是稳定静态工作点Q。

2. 交流反馈

若电路将交流量反馈到输入回路，则称之为交流反馈。交流反馈影响电路的交流工作性能。

判断方法：看反馈网络存在于交流通道还是直流通道即可，注意电容的“隔直通交”作用。

（二）正反馈和负反馈

1．正反馈

输入量不变时，引入反馈后使净输入量增大，即 $X_i' = X_i + X_f$。正反馈使放大倍数增大。正反馈多用于振荡电路和脉冲电路。

2．负反馈

输入量不变时，引入反馈后使净输入量减小，即 $X_i' = X_i - X_f$。负反馈使放大倍数减小。负反馈多用于改善放大器的性能。

（三）并联和串联反馈

并联反馈：反馈量与输入量以电流方式相叠加的反馈。

串联反馈：反馈量与输入量以电压方式相叠加的反馈。

判断方法：若反馈元件直接接在信号输入线上，则是并联反馈；若反馈元件没有直接接在信号输入线上，则是串联反馈。

（四）电压反馈与电流反馈

电压反馈：反馈量取自输出电压的反馈，可以减小输出电阻，稳定输出电压。

电流反馈：反馈量取自输出电流的反馈，可以增大输出电阻，稳定输出电流。

判断方法：若反馈元件直接接在信号输出线上，则是电压反馈；若反馈元件没有直接接在信号输出线上，则是电流反馈。

负反馈的四种类型有电压并联负反馈、电压串联负反馈、电流并联负反馈和电流串联负反馈。

二、负反馈的作用

负反馈放大电路是以减小放大倍数为代价来获得放大电路增益的稳定性的；减小非线性失真；扩展频带宽度；改变输入、输出电阻，从而改善放大电路的性能。

（1）串联负反馈使输入电阻增大，并联负反馈使输入电阻减小。

（2）电压负反馈使输出电阻减小，电流负反馈使输出电阻增大。

为改善性能引入负反馈的一般原则如下。

稳定直流量—引入直流负反馈，稳定交流量—引入交流负反馈。

稳定输出电压—引入电压负反馈，稳定输出电流—引入电流负反馈。

增大输入电阻—引入串联负反馈，减小输入电阻—引入并联负反馈。

三、集成运放的结构和符号

1．集成运放的结构

集成运算放大器（以下简称“集成运放”）实质上是集成化的多级直接耦合放大器，集成运放的内部结构框图如图 3-1-2 所示，它由四个部分组成。

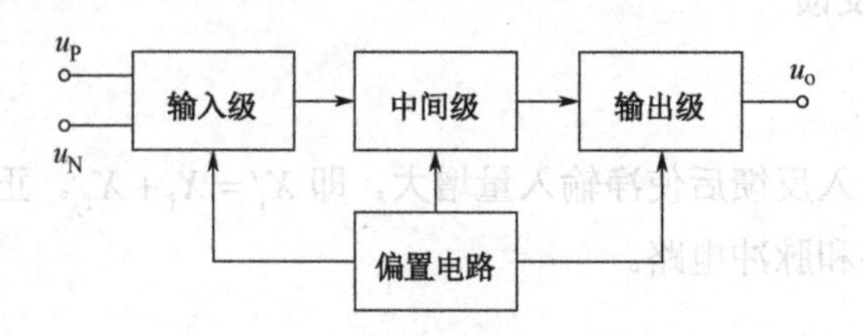

图 3-1-2　集成运放的内部结构框图

（1）输入级：要求对共模信号有很强的抑制能力，因此一般使用高性能的差分放大电路。

（2）中间级：要求能提供较高的电压放大倍数，一般采用共射放大电路。

（3）输出级：要求提供一定的电压变化，通常采用互补对称放大电路。

（4）偏置电路：要求使各级放大电路有稳定的直流偏置，通常采用偏置电流源提供稳定的几乎不随温度变化而变化的偏置电流，以稳定静态工作点。

2. 集成运放的符号

集成运放的符号如图 3-1-3 所示，“▷”表示运算放大电路，“∞”表示开环增益极高，它有两个输入端：标注“−”号的为反相输入端，从该端输入信号时，输出信号与输入信号的极性相反；标注“+”号的为同相输入端，从该端输入信号时，输出信号与输入信号同相。

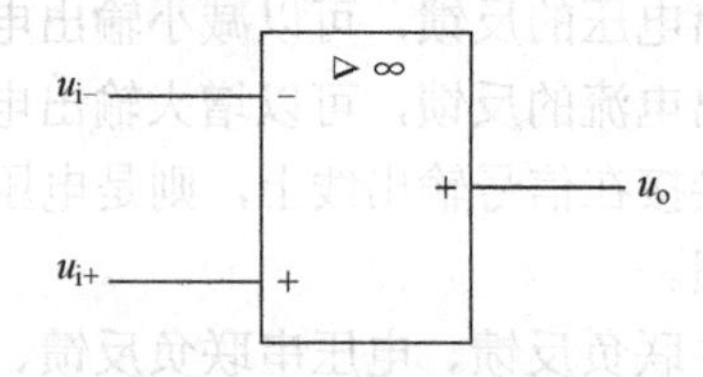

图 3-1-3　集成运放的符号

四、差分放大电路

差分放大电路（又称为差动放大电路）不但能有效地放大信号，而且还能有效地抑制零点漂移。

图 3-1-4 所示为差分放大电路的基本形式，由于电路只有当两个输入端之间有差别时，输出电压才有变动，因此该电路称为差分放大电路。

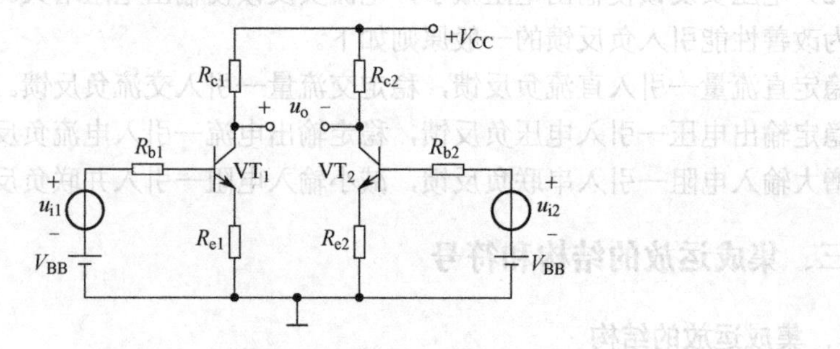

图 3-1-4　差分放大电路的基本形式

由于差分放大电路完全对称，因此当 u_i=0 时，$U_o=U_{C1}-U_{C2}=0$。

（1）差模信号：u_{i1} 与 u_{i2} 所加信号为大小相等、极性相反的输入信号（放大信号）。

这时，$\Delta i_{C1}=-\Delta i_{C2}$，$\Delta u_{C1}=-\Delta u_{C2}$，$u_o$=（$U_{C1}+\Delta u_{C1}$）-（$U_{C2}-\Delta u_{C2}$）=$2\Delta u_{C1}$，从而实现电压的放大。

（2）共模信号：u_{i1} 与 u_{i2} 所加信号为大小相等、极性相同的输入信号（由温度变化等因素引起的两管输出漂移电压，相当于有害信号）。

这时，产生的 $\Delta i_{C1}=\Delta i_{C2}$，$\Delta u_{C1}=\Delta u_{C2}$，$u_o$=（$U_{C1}+\Delta u_{C1}$）－（$U_{C2}+\Delta u_{C2}$）=0，共模输出为零。

（3）共模抑制比

$$K_{CMR}=\left|\frac{A_{ud}}{A_{uc}}\right|$$

共模抑制比是反映差分放大电路放大有用的差模信号和抑制有害的共模信号的能力的一个综合指标，其中，A_{ud} 是差模电压放大倍数，A_{uc} 是共模电压放大倍数。显然，K_{CMR} 越大，电路对共模信号的抑制能力越强。理想情况下，A_{uc}=0，$K_{CMR}\to\infty$。

五、集成运放的主要参数

（1）差模电压放大倍数 A_{ud}：是集成运放在无外加反馈条件下，输出电压的变化量与输入电压的变化量之比。此值越高，放大电路工作越稳定，精度也越高。

（2）差模输入电阻 r_{id}：是集成运放无反馈，输入差模信号时的输入电阻，取值越大，对信号源的影响越小。

（3）差模输出电阻 r_{od}：是集成运放无反馈，输入差模信号时的输出电阻，取值越小，集成运放带负载的能力越强。

（4）共模抑制比 K_{CMR}：是差模电压放大倍数 A_{ud} 与共模电压放大倍数 A_{uc} 之比，用来衡量集成运放放大和抗共模干扰的能力，其值越大说明集成运放抑制共模信号的能力越强。

六、集成运放的理想特性

在分析集成运放的各种实用电路时，为了简化问题的分析，通常将集成运放看成为理想运放。

1．理想运放条件

（1）差模电压放大倍数趋于无穷大，即 $A_{ud}=\infty$。

（2）两输入端之间的输入电阻趋于无穷大，即 $R_{id}=\infty$。

（3）输出电阻为零，即 R_o=0。

（4）共模抑制比趋于无穷大，即 $K_{CMR}=\infty$。

（5）通频带为无穷大，即 $f_{BW}=\infty$。

2．理想运放特点

理想运放工作区域有两个，即线性工作区和非线性工作区。集成运放工作在线性工作区的特征是引入了负反馈，若集成运放处于开环（没有引入反馈）或引入正反馈，则表明集成运放工作在非线性工作区。集成运放电压和电流示意图如图 3-1-5（a）所示。

工作在线性放大状态的理想运放具有以下两个重要特点。

（1）虚短：两输入端电位相等，即$U_+ = U_-$。

相当于两输入端短路，但又不是真正的短路，如图 3-1-5（b）所示，故称为“虚短”。

（2）虚断：两输入端电流等于零，即$I_+ = I_- = 0$。

相当于两输入端断开，但又不是真正的断开，如图 3-1-5（b）所示，故称为“虚断”。

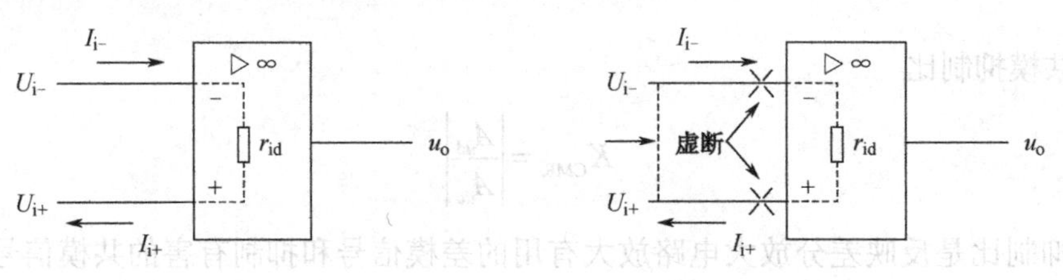

图 3-1-5　集成运放的理想特性

七、集成运放的常用电路

1. 反相输入运算放大电路

反相输入运算放大电路如图 3-1-6 所示，信号从反相端与地之间加入，R_1是耦合电阻，R_2是平衡电阻，$R_2=R_1//R_f$。

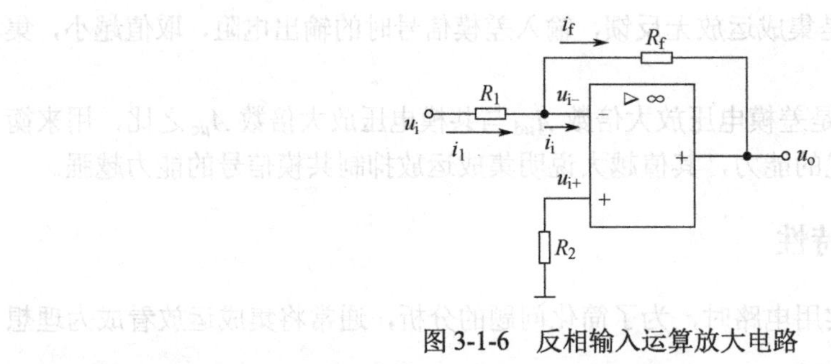

图 3-1-6　反相输入运算放大电路

利用理想运放“虚断”（i_i=0）的概念，则 u_{i+}=0，又利用“虚短”（$u_{i-}=u_{i+}$）的概念，所以

$$u_{i-}=u_{i+}=0$$

$$i_1 = i_f$$

$$i_1 = \frac{u_i}{R_1}$$

$$i_f = -\frac{u_o}{R_f}$$

则输出电压为

$$u_o = -\frac{R_f}{R_1}u_i$$

反相输入运算放大电路的电压放大倍数为

$$A_u = \frac{u_o}{u_i} = -\frac{R_f}{R_1}$$

该式说明，在反相输入运算放大电路中，输出电压与输入电压之间存在着比例关系，比例系数为$\frac{R_f}{R_1}$，负号表示输出电压 u_o 和输入电压 u_i 反相。

2．同相输入运算放大电路

同相输入运算放大电路如图 3-1-7 所示。信号从同相端输入，为使输入端保持平衡，$R_2=R_1//R_f$。

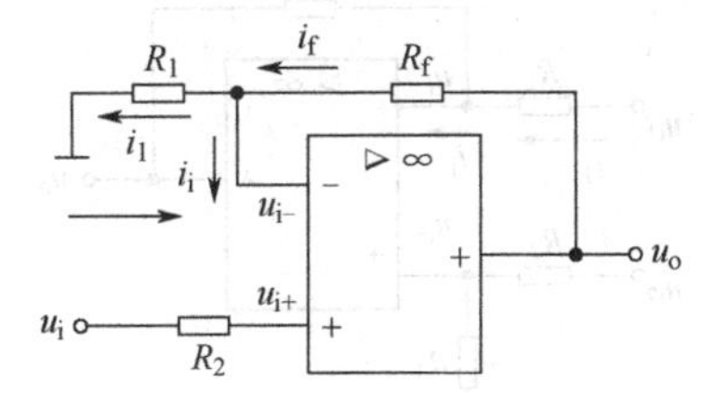

图 3-1-7　同相输入运算放大电路

利用理想运放“虚断”（i_i=0）的概念，则 $u_{i+}=u_i$，又利用“虚短”（$u_{i-}=u_{i+}$）的概念，所以

$$u_{i-}=u_{i+}=u_i$$

由于 i_i=0，则 $i_1=i_f$，即

$$\frac{u_{i-}-0}{R_1} = \frac{u_o-u_{i-}}{R_f}$$

$$u_o = \left(1+\frac{R_f}{R_1}\right)u_{i-} = \left(1+\frac{R_f}{R_1}\right)u_{i+}$$

输出电压为

$$u_o = \left(1+\frac{R_f}{R_1}\right)u_i$$

同相输入运算放大电路的电压放大倍数为

$$A_u = \frac{u_o}{u_i} = \left(1+\frac{R_f}{R_1}\right)$$

该式的结果一定是正数，表明输出电压 u_o 和输入电压 u_i 同相，且 u_o 大于 u_i，即电压放大倍数 $A_u>1$。

在如图 3-1-8 所示的电路中，由于 $R_i\to\infty$，A_u=1，$u_o=u_i$，因此该电路称为电压跟随器。

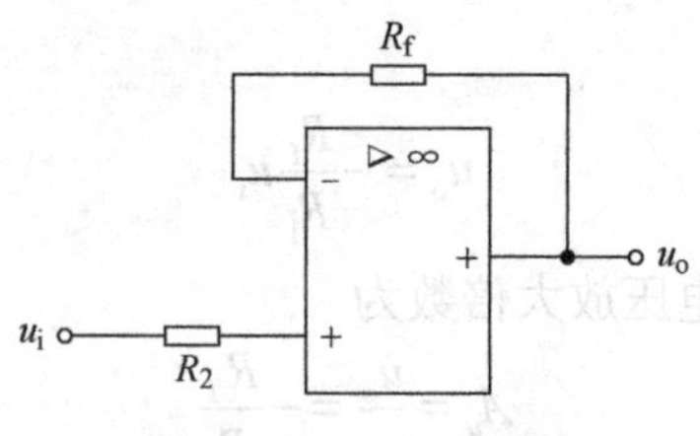

图 3-1-8　电压跟随器

因为电压跟随器具有高的输入阻抗和低的输出阻抗，所以它在电子电路中应用极为广泛，常作为阻抗变换器或缓冲器。

3．差分输入放大电路

差分输入放大电路如图 3-1-9 所示。

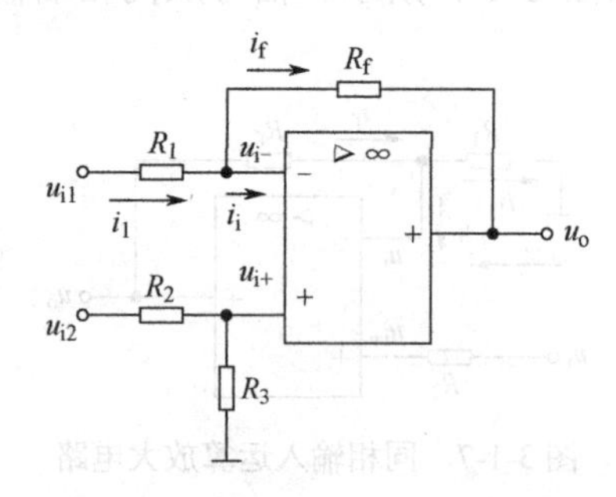

图 3-1-9　差分输入放大电路

当 u_{i1} 单独作用时，u_{i2}=0，电路为反相输入方式，输出电压为

$$u_{o1} = -\frac{R_f}{R_1}u_{i1}$$

当 u_{i2} 单独作用时，u_{i1}=0，电路为同相输入方式，根据理想运放“虚断”的概念，i_i=0，输出电压为

$$u_{o2} = \left(1+\frac{R_f}{R_1}\right)\frac{R_3}{R_2+R_3}u_{i2}$$

当 u_{i1} 和 u_{i2} 共同作用时，输出电压为

$$u_o = -\frac{R_f}{R_1}u_{i1} + \left(1+\frac{R_f}{R_1}\right)\frac{R_3}{R_2+R_3}u_{i2}$$

如果在电路应用中，选择 $R_1=R_2$，$R_3=R_f$，则

$$u_o = \frac{R_f}{R_1}(u_{i2}-u_{i1})$$

差分输入放大电路可以实现减法运算。当图 3-1-9 中的 $R_1=R_2=R_3=R_f$ 时，输出电压为 $u_o=u_{i2}-u_{i1}$。

4．加法运算电路

加法运算电路如图 3-1-10 所示。

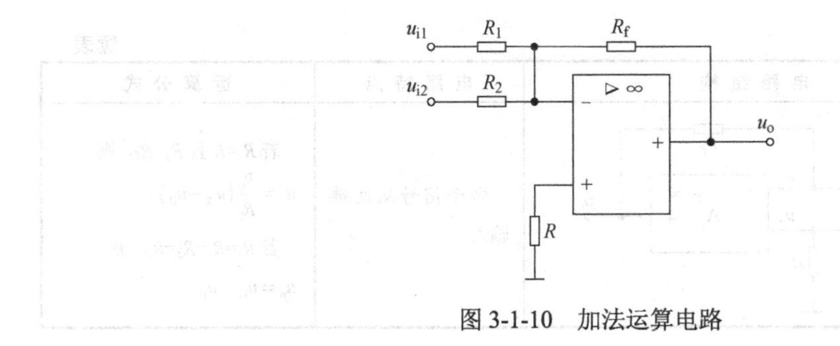

图 3-1-10　加法运算电路

当 u_{i1} 单独作用时，电路为反相比例运放，$u_{o1}=-\dfrac{R_f}{R_1}u_{i1}$。

当 u_{i2} 单独作用时，$u_{o2}=-\dfrac{R_f}{R_2}u_{i2}$。

当 u_{i1}、u_{i2} 共同作用时，电路输出电压为

$$u_o=u_{o1}+u_{o2}=-\frac{R_f}{R_1}u_{i1}-\frac{R_f}{R_2}u_{i2}$$

当 $R_1=R_2=R_f$ 时，则 $u_o=-(u_{i1}+u_{i2})$，实现加法运算，负号表示输出电压与输入电压相位相反。

集成运放常用电路的对比如表 3-1-1 所示。

表 3-1-1　集成运放常用电路的对比

电路类型	电路结构	电路特点	运算公式
反相输入运算放大电路	i_f　R_f　u_i　R_1　u_-　− ▷ ∞ A +　u_o　i_1　u_+　+　R_2 若 $R_1=R_f$，则 $u_o=-u_i$，为反相器	输入信号从反相端加入，R_f 构成深度负反馈。R_2 为平衡电阻，保证两个输入端的外接电阻平衡。 $R_2=R_1//R_f$	$A_u=-\dfrac{R_f}{R_1}$ $u_o=-\dfrac{R_f}{R_1}u_i$
同相输入运算放大电路	i_1　i_f　R_f　R_1　u_-　▷ ∞　u_o　u_i　R　u_+　A　+　+ 若 R_1 开路或 R_f 短路，则 $u_o=u_i$，为电压跟随器	信号从同相端输入，平衡电阻。 $R=R_1//R_f$	$A_u=\left(1+\dfrac{R_f}{R_1}\right)$ $u_o=\left(1+\dfrac{R_f}{R_1}\right)u_i$
加法运算电路	u_{i1}　R_1　i_f　i_1　R_f　u_{i2}　R_2　u_-　− ▷ ∞　I_2　u_+　+ A +　u_o　R_0	多个信号从一个端子输入。 $R_0=R_1//R_2//R_f$	$u_o=-\left(\dfrac{R_f}{R_1}u_{i1}+\dfrac{R_f}{R_2}u_{i2}\right)$ 若 $R_1=R_2=R_f$， 则 $u_o=-(u_{i1}+u_{i2})$

续表

电路类型	电路结构	电路特点	运算公式
差分输入放大电路	u_{i1} R_1 u_- R_f u_{i2} R_2 u_+ A R_3 u_o	多个信号从两端输入	若 $R_1=R$ 且 $R_3=R_f$，则 $u_o=\frac{R_f}{R_1}(u_{i2}-u_{i1})$； 若 $R_1=R_2=R_3=R_f$，则 $u_o=u_{i2}-u_{i1}$

【典例解析】

例 1：（2014 年高考真题）负反馈改善放大器的性能均是以牺牲放大倍数为代价的。（　　）

答案：对

例 2：（2015 年高考真题）要使放大电路的输出电流稳定，输入电阻减小，可引入的负反馈类型是（　　）。

A．电压串联负反馈　　B．电压并联负反馈

C．电流串联负反馈　　D．电流并联负反馈

答案：D

例 3：请找出下面电路图中的反馈元件，并判断是何种反馈。

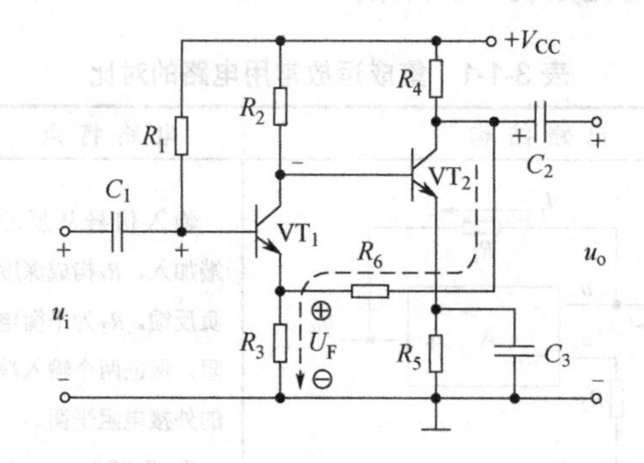

分析：

1．反馈元件有本级反馈电阻和级间反馈电阻两种。反馈元件有 R_3、R_5 和 R_6。

2．判断正、负反馈用瞬时极性法。判断串、并联反馈看反馈电阻是否直接接在信号输入线上，若直接接在信号输入线上，则说明是并联反馈；反之，则说明是串联反馈。判断电压、电流反馈看反馈电阻是否直接接在信号输出线上，若直接接在信号输出线上，则说明是电压反馈；反之，则说明是电流反馈。R_3 和 R_5 是电流串联负反馈，R_6 是电压串联负反馈。

例 4：（2019 年高考真题）下图所示运算放大电路中，U_{1A} 为加法器，U_{1B} 为电压跟随器，输入电压 u_{i1}=1V、u_{i2}=u_{i3}=2V，电阻 R_1=R_2=R_3=10kΩ、R_4=3kΩ、R_f=20kΩ。请计算输出电压 u_{o1}、u_{o2}。

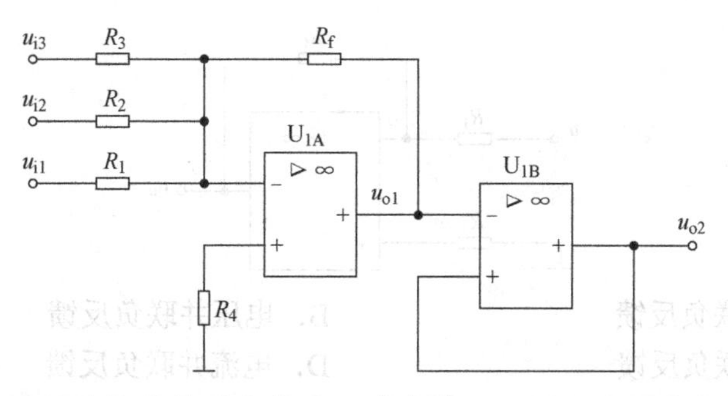

分析： 图示为两级运放构成的放大电路，其中第一级的三个信号从反相端输入，是一个加法器，第一级的输出作为第二级的同相端输入，第二级是一个跟随器。

解： 对第一级 $u_{o1}=-\left(\dfrac{R_f}{R_1}u_{i1}+\dfrac{R_f}{R_2}u_{i2}+\dfrac{R_f}{R_3}u_{i3}\right)=-\dfrac{20\text{k}\Omega}{10\text{k}\Omega}(1+2+2)\text{V}=-10\text{V}$

对第二级 $u_{o2}=u_{o1}=-10\text{V}$

例 5：（2020 年高考真题）下图所示为两级放大电路，R_f 引入的反馈类型是（ ）。

A．电流并联负反馈　　　　B．电流串联负反馈

C．电压串联负反馈　　　　D．电压并联负反馈

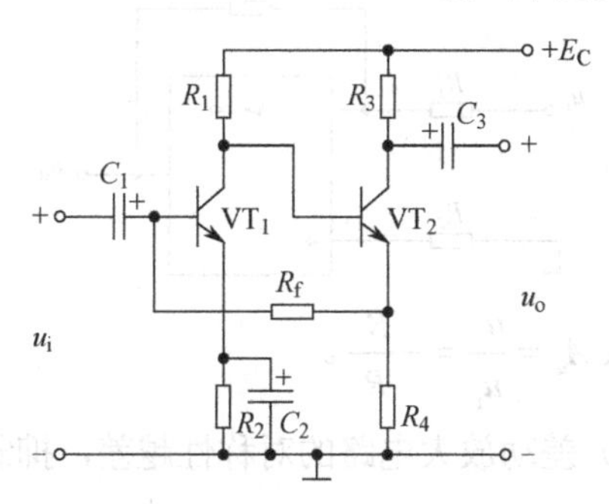

分析： 电路的输出端在第二级 VT_2 的集电极上，输入端在第一级 VT_1 的基极上，在输出回路中，反馈电阻 R_f 没有直接连在输出线上，因此为电流负反馈。在输入回路中，R_f 直接连在输入端基极上，因此为并联负反馈。

例 6：（2016 年高考真题）下图所示为同相比例运放电路，$R_2=R_1//R_f$，则 $\dfrac{u_o}{u_i}$ 为（ ）。

A．-11　　B．-10　　C．11　　D．10

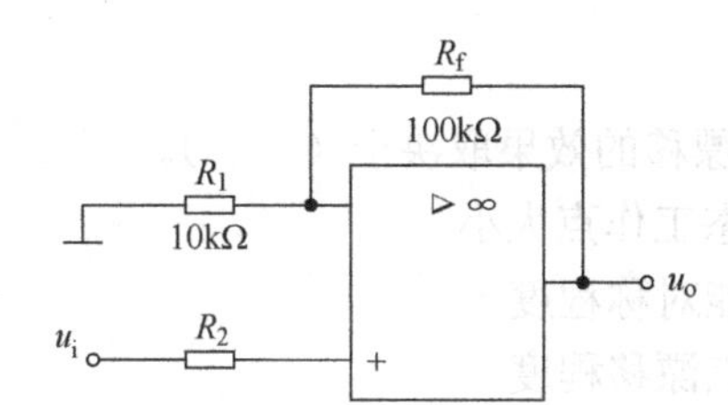

分析： 图示电路为同相比例运放，其电压放大倍数 $A_u=\dfrac{u_o}{u_i}=1+\dfrac{R_f}{R_1}=11$。

例 7：（2016 年高考真题）下图所示为集成运算放大器的放大电路，其负反馈类型是（ ）。

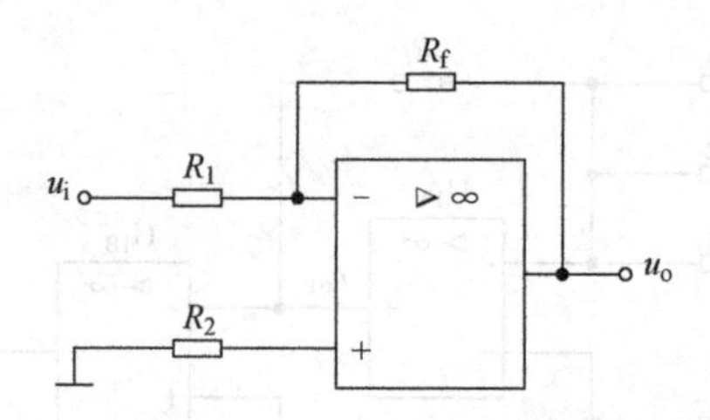

A．电压串联负反馈　　　　　　　　B．电压并联负反馈
C．电流串联负反馈　　　　　　　　D．电流并联负反馈

分析：根据负反馈类型的判断方法：反馈元件与信号输出线直接相连为电压负反馈，反之为电流负反馈，反馈元件与信号输入线直接相连为并联负反馈，反之为串联负反馈。因此图中的反馈类型为电压并联负反馈。

例 8：（2017 年高考真题）下图所示为集成运放构成的放大电路，输出电压 u_o 与输入电压 u_i 的比值为（　　）。

A．$-\dfrac{R_f}{R_1}$　　B．$-\left(1+\dfrac{R_f}{R_1}\right)$　　C．$\dfrac{R_f}{R_1}$　　D．$1+\dfrac{R_f}{R_1}$

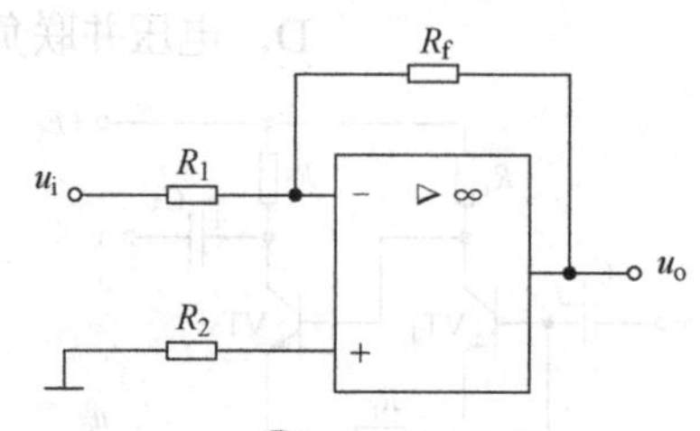

分析：对于反相比例运放 $A_u=\dfrac{u_o}{u_i}=-\dfrac{R_f}{R_1}$。

例 9：（2017 年高考真题）差动放大电路的对称性越差，抑制共模信号（干扰信号）的能力就越差。（　　）

分析：差动放大电路的电路参数对称，所以对共模信号有抑制作用，对称性越好，抑制能力越强。

【同步精练】

一、选择题

1．差分放大器抑制零点漂移的效果取决于（　　）。

A．两个三极管的静态工作点大小

B．两个三极管的性能对称程度

C．两个三极管的零点漂移程度

D．两个三极管的电流放大倍数

2．电路的差模放大倍数越大表示（　　），共模抑制比越大表示（　　）。

A．有用信号的放大倍数越大

B．共模信号的放大倍数越大

C．抑制共模信号和温漂的能力越强

3．在相同条件下，阻容耦合放大电路的零点漂移（　　）。

A．比直接耦合电路的零点漂移大

B．比直接耦合电路的零点漂移小

C．与直接耦合电路的零点漂移相同

4．如果要求输出电压基本稳定，并能提高输入电阻，在交流放大电路中应引入的负反馈是（　　）。

A．电压并联负反馈　　B．电流并联负反馈

C．电压串联负反馈　　D．电流串联负反馈

5．有反馈的放大电路的放大倍数（　　）。

A．一定提高　　B．一定降低

C．不变　　D．以上说法都不对

6．理想运放的两个重要结论是（　　）。

A．虚断 $U_+ = U_-$，虚短 $I_+ = I$

B．虚断 $U_+ = U_- = 0$，虚短 $I_+ = I_- = 0$

C．虚断 $U_+ = U_- = 0$，虚短 $I_+ = I_-$

D．虚短 $U_+ = U_-$，虚断 $I_+ = I_- = 0$

7．运算关系为 $U_o = 10U_i$ 的运算放大电路是（　　）。

A．反相输入电路　　B．同相输入电路

C．电压跟随器　　D．加法运算电路

8．若电压跟随器的输出电压为 U_o=1，则输入电压为（　　）。

A．U_i　　B．$-U_i$　　C．1　　D．-1

9．若同相输入电路的 $R_1 = 10\text{k}\Omega$，$R_f = 100\text{k}\Omega$，输入电压 U_i 为 10mV，则输出电压 U_o 为（　　）。

A．-100mV　　B．100mV

C．10mV　　D．-10mV

10．根据反馈电路和基本放大电路在输出端的接法不同，可将反馈分为（　　）。

A．直流反馈和交流反馈　　B．电压反馈和电流反馈

C．串联反馈和并联反馈　　D．正反馈和负反馈

11．电流并联负反馈可以使输入电阻（　　），输出电阻（　　）。

A．增大，减小　　B．增大，增大

C．减小，减小　　D．减小，增大

12．如果要求输出电压 U_o 稳定，并且能减小输出电阻，在交流放大电路中应引入的负反馈是（　　）。

A．电压并联负反馈　　B．电流并联负反馈

C．电压串联负反馈　　D．电流串联负反馈

13．集成运放的输入级一般采用的电路是（　　）。

A．功放电路　　B．整流电路

C．差分放大电路　　D．滤波电路

14．放大器引入负反馈后，放大器的频带（　　）。

A．不变　　B．变宽

C．变窄　　D．变宽或变窄

15．下列选项中不是负反馈对放大器性能的影响的是（　　）。

A．提高了放大倍数　　B．提高了放大器的稳定性

C．改变了输入输出电阻　　D．减小了非线性失真

16．在负反馈放大器中，要求电路既能稳定输出电压，减小输出电阻，又具有较高的输入电阻，应采用的负反馈是（　　）。

A．电流串联负反馈　　B．电流并联负反馈

C．电压串联负反馈　　D．电压并联负反馈

17．下图所示为集成运算放大器的放大电路，其负反馈类型是（　　）。

A．电压串联负反馈　　B．电压并联负反馈

C．电流串联负反馈　　D．电流并联负反馈

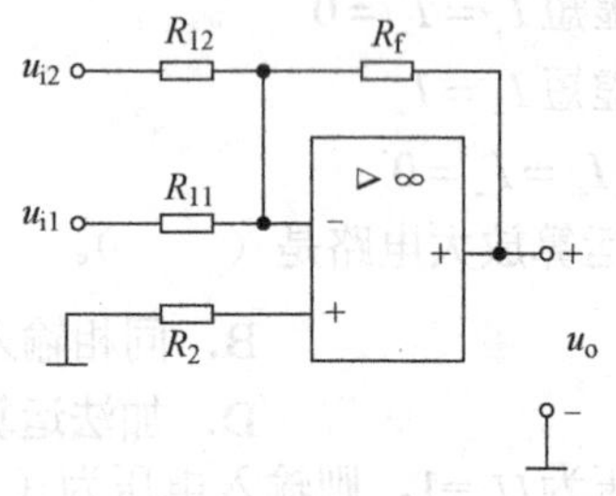

18．要使放大电路的输出电流稳定，输入电阻增大，可引入负反馈类型是（　　）。

A．电压串联负反馈　　B．电压并联负反馈

C．电流串联负反馈　　D．电流并联负反馈

19．要使放大电路的输出电阻减小，输入电阻增大，可引入负反馈类型是（　　）。

A．电压串联负反馈　　B．电压并联负反馈

C．电流串联负反馈　　D．电流并联负反馈

20．下图所示为集成运算放大器的放大电路，其负反馈类型是（　　）。

A．电压串联负反馈　　B．电压并联负反馈

C．电流串联负反馈　　D．电流并联负反馈

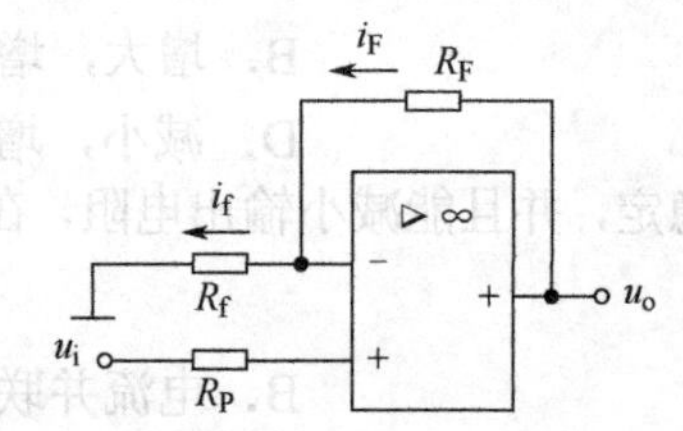

21．如下图所示，R_f构成（　　）。

A．电流串联负反馈　　B．电流并联负反馈

C．电压串联负反馈　　D．电压并联负反馈

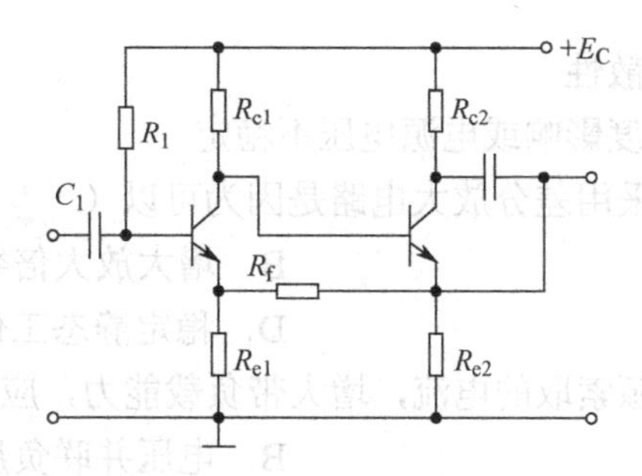

22．下图所示运算放大器，能实现 $u_o=-u_i$ 功能的是（　　）。

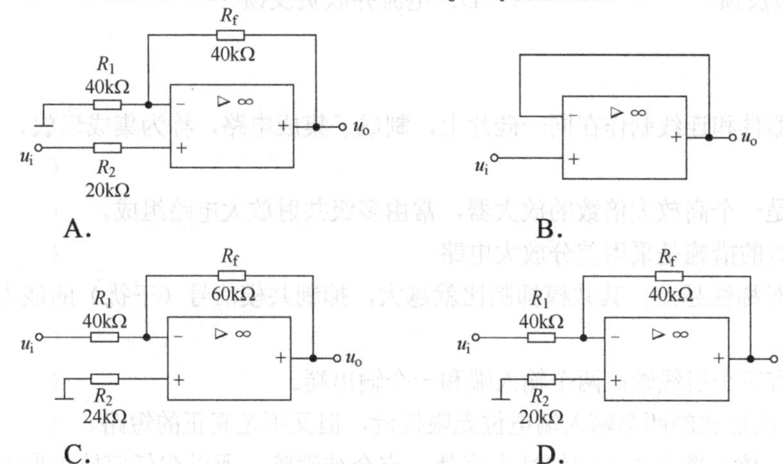

23．放大器引入负反馈后，它的电压放大倍数和信号失真情况是（　　）。

A．放大倍数减小，信号失真减小

B．放大倍数减小，信号失真增大

C．放大倍数增大，信号失真减小

D．放大倍数增大，信号失真增大

24．共模抑制比 K_{CMR} 越大，表明电路（　　）。

A．放大倍数越稳定　　B．交流放大倍数越大

C．抑制温漂能力越强　　D．输入信号中的差模成分越大

25．共集电极电路的反馈类型是（　　）。

A．电压串联负反馈　　B．电流并联负反馈

C．电压并联负反馈　　D．电流串联负反馈

26．分压式偏置电路的反馈类型是（　　）。

A．电压串联负反馈　　B．电流并联负反馈

C．电压并联负反馈　　D．电流串联负反馈

27．差分放大电路中所谓共模信号是指两个输入信号电压（　　）。

A．大小相等、极性相反　　B．大小相等、极性相同

C．大小不等、极性相同　　D．大小不等、极性相反

28．直接耦合放大电路存在零点漂移的原因是（　　）。

A．电阻阻值有误差

B．三极管参数的分散性

C．三极管参数受温度影响或电源电压不稳定

29．集成运放的输入级采用差分放大电路是因为可以（　　）。

A．减小温漂　　B．增大放大倍数

C．提高输入电阻　　D．稳定静态工作点

30．欲减小电路从信号源索取的电流，增大带负载能力，应在放大电路中引入（　　）。

A．电压串联负反馈　　B．电压并联负反馈

C．电流串联负反馈　　D．电流并联负反馈

二、判断题

1．将电路中的元器件和连线制作在同一硅片上，制成了集成电路，称为集成运放。（　　）

2．运放的中间级是一个高放大倍数的放大器，常由多级共射放大电路组成。（　　）

3．解决零漂最有效的措施是采用差分放大电路。（　　）

4．差分放大电路对称性越差，其共模抑制比就越大，抑制共模信号（干扰）的能力也就越差。（　　）

5．运算放大器只有三个引线端：两个输入端和一个输出端。（　　）

6．“虚短”是指集成运放的两个输入端电位无限接近，但又不是真正的短路。（　　）

7．引入负反馈后，放大器产生的非线性失真就一定会被消除，所以在任何放大器中，我们都会引入负反馈。（　　）

8．按反馈在输出端取样分类，反馈可分为电流反馈和电压反馈。（　　）

9．集成运算放大器的内部电路一般采用直接耦合方式，因此，它只能放大直流信号，不能放大交流信号。（　　）

10．在集成运放中，为减小零点漂移，输入端都采用差分放大电路。（　　）

11．由集成运放组成的加法电路，输出量为各个输入量之和。（　　）

12．串联反馈都是电流反馈，并联反馈都是电压反馈。（　　）

13．集成运放产生零点漂移的原因之一是三极管的性能参数受温度的影响。（　　）

14．使放大电路的净输入信号减小的反馈称为正反馈，使放大电路的净输入信号增大的反馈称为负反馈。（　　）

15．只要在放大电路中引入负反馈，其闭环放大倍数就降低。（　　）

16．负反馈能消除放大器的非线性失真。（　　）

17．差分放大器中，零点漂移折算到输入端相当于共模信号。（　　）

18．对信号本身的固有失真，负反馈是无法改善的。（　　）

19．对差分放大电路的两只三极管的性能参数要求完全一致。（　　）

20．集成运放中，共模信号是有用信号，是需要被放大的有用信号。（　　）

21．直流负反馈能改善放大器的动态性能。（　　）

22．集成运放不但能处理交流信号，而且能处理直流信号。（　　）

23．只要在放大电路中引入反馈，就一定能使其性能得到改善。（ ）

24．交流放大器也存在零点漂移，但它被限制在本级内部。（ ）

三、填空题

1．放大电路引入负反馈后，放大倍数有所______，但对改善放大电路的性能有重要的作用。（增高/降低）

2．在分析集成运放电路时，一般将集成运放看作一个理想的运放。集成运放理想状态下的参数是：开环电压放大倍数______，差模输入电阻______，输出电阻______，共模抑制比______。

3．若集成运放工作在线性放大区，便可得出两个重要结论：理想运放两输入端电位______，理想运放输入电流______。

4．负反馈放大电路对输入电阻的影响主要取决于反馈信号在输入端的连接方式。串联负反馈使输入电阻______，并联负反馈使输入电阻______。

5．集成运放一般都由______、______、______和______四个部分组成。

6．同相输入端表示其输出信号与该输入信号相位______，反相输入端表示其输出信号与该输入信号相位______。

7．集成运放的内部电路均采用直接耦合的方式，______现象使信号在第一级产生的微弱变化，会在输出级变成很大的变化，会造成测量误差、系统发生错误动作、放大电路无法正常工作等后果，因此，必须抑制它。

8．共模抑制比反映了差分放大器对__________的抵制能力。

9．差模信号是指在两个输入端加上幅度________，极性________的信号。

10．在电子电路中，将输出量的一部分或全部通过一定的电路形式馈送给输入回路，与输入信号一起共同作用于放大器的输入端，称为________。

11．共发射极放大器的发射极电阻的反馈类型是__________。电压负反馈能稳定_________，减小__________。电流负反馈能稳定__________，增大_________。

12．为减小信号源的负担，稳定输出电压，应该引入__________负反馈。

13．要想稳定放大器的静态工作点应引入__________反馈。

14．零漂的现象是指输入电压为零时，输出电压________零值，出现忽大忽小的现象。

15．在放大电路中为了稳定静态工作点应该引入________负反馈。

16．________是引起零点漂移的主要原因。

四、综合题

1．判断下图中反馈元件 R_f 的反馈类型（正、负反馈，串、并联反馈，电压、电流反馈）。

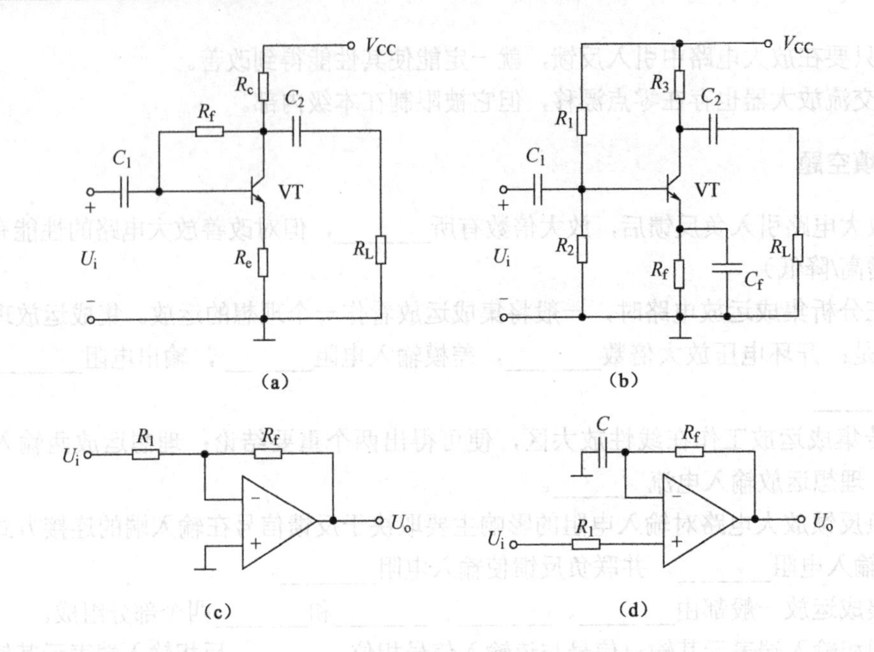

2．画出集成运放的结构框图，并简述各部分的作用和特点。

3．已知电阻 $R_1=R_2=R_3=R_4=R_f=10\text{k}\Omega$，$U_{i1}=U_{i2}=U_{i3}=1\text{V}$，求输出电压 U_o。

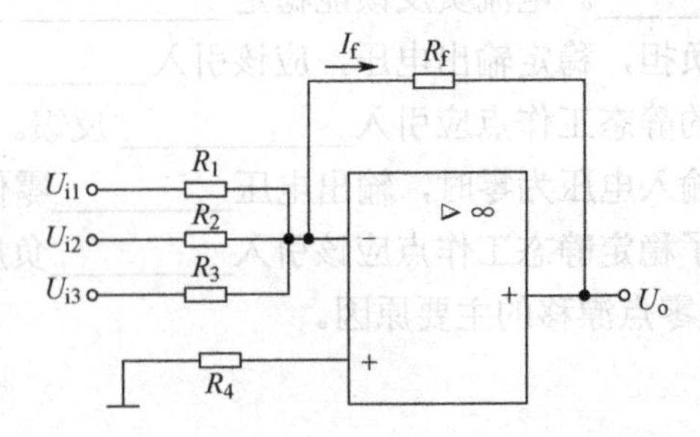

4．将反馈元件 R_1、R_2 分别接入如下图所示的电路中以满足下列要求：

（1）R_1 接入后能稳定输出电压并能减轻信号源的负担；

（2）R_2 接入后能提高输出电流的稳定性，且要求输入电阻小。

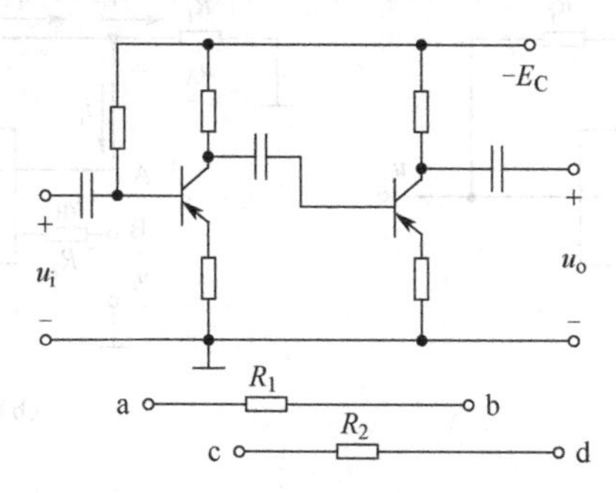

5．下图所示电路中，已知 $R_1 = R_2$=50kΩ，$R_f = R_3$=150kΩ，求输出电压。

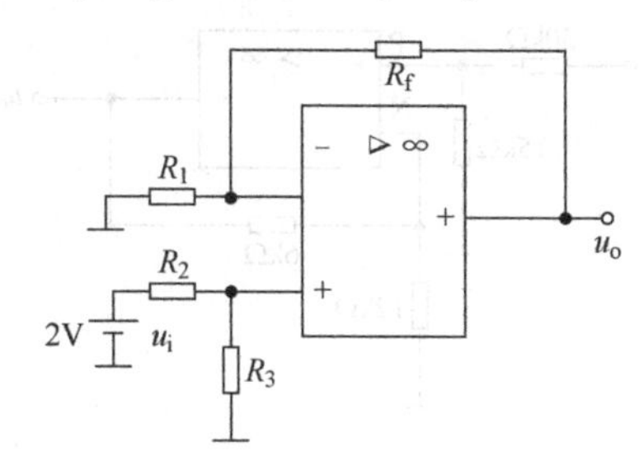

6．下图所示电路中，已知 R_f =5kΩ，$R_1 = R_2$ =2kΩ，R_3 =18kΩ，U_i =12V，求输出电压。

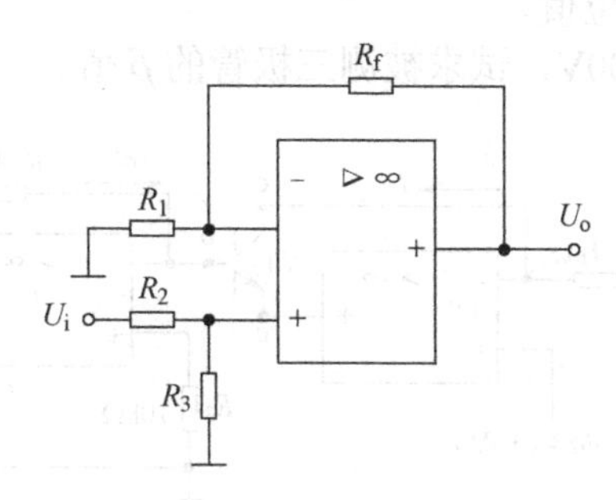

7．集成运放组成如下图所示，已知 R_1=10kΩ，R_f=100kΩ，u_i=0.6V，求输出电压和平衡电阻 R_2 的大小及电压放大倍数。

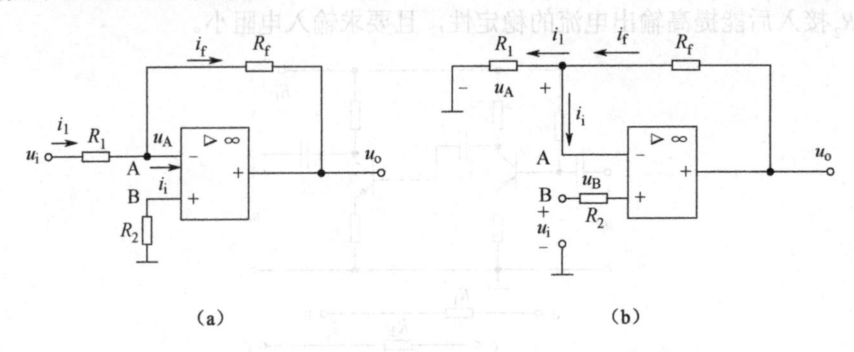

8．电路如下图所示，$u_i=3V$，求输出电压。

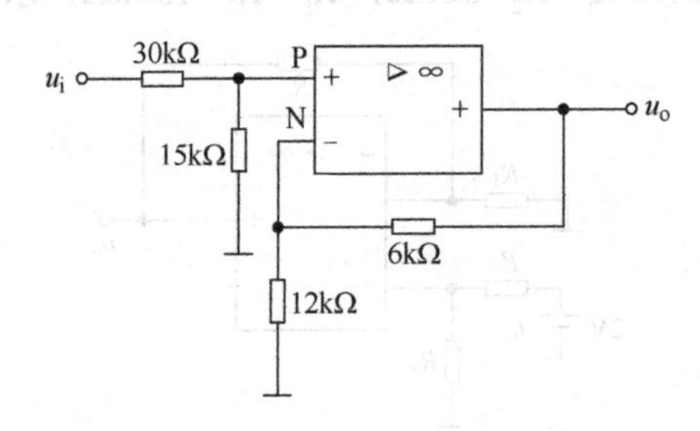

9．一个由理想运放组成的三极管 β 测量电路如图所示，设三极管的 $U_{BE}=0.7V$。

（1）求 e、b、c 各点的电位值。

（2）若电压表的读数为 200V，试求被测三极管的 β 值。

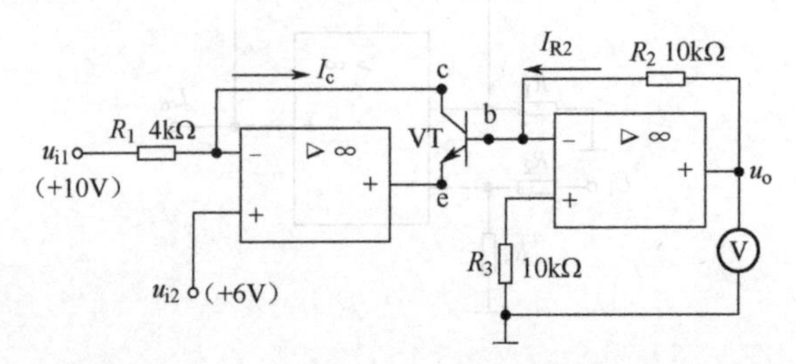

10．电路如下图所示，试分析：

（1）前级由运放 A1 等构成的电路叫作什么电路？当 R_1=R_2 时，写出 V_{O1} 与 V_{I1} 之间的关系式。

（2）当 R_1=R_2 时，写出 V_O 与 V_{I1}、V_{I2} 之间的关系式，且 R_3=R_4=R_5 时，若 V_{I1}=1V，V_{I2}=0.2V，求 V_O。

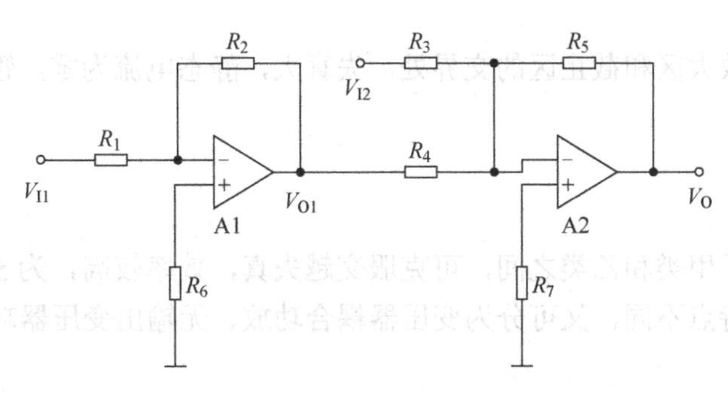

第二节　功率放大器

【知识要点】

一、功放的要求

功率放大器（以下简称功放）是指供给负载较大信号功率的电路。从能量控制角度看，功放将电源的直流功率转换成信号的交流能量。功放主要用于获得尽可能大的不失真（或失真较小）输出功率和转换效率，它通常是在大信号状态下工作的，因此它需要满足：输出功率要大、效率要高、电路散热要好、非线性失真要小等特点。

二、功放的分类

根据功放管静态工作点的不同，常用的功放可分为甲类、乙类和甲乙类三种，如图 3-2-1 所示。

（a）甲类　（b）乙类　（c）甲乙类

图 3-2-1　功放的类型

1．甲类

静态工作点在负载线的中间，Q 点在三极管的放大区，失真小，静态电流大，管耗大，效率低，最高效率只有 50%。

2．乙类

静态工作点在放大区和截止区的交界处，失真大，静态电流为零，管耗小，效率高，最高效率可达 78.5%。

3．甲乙类

静态工作点位于甲类和乙类之间，可克服交越失真，效率较高，为 50%~78.5%。

按功放输出端特点不同，又可分为变压器耦合功放、无输出变压器功放和无输出电容功放等。

三、互补对称功放

1．双电源互补对称功放（OCL）

双电源互补对称功放，又称无输出电容功放，简称 OCL 电路。

OCL 基本电路结构如图 3-2-2 所示，图中 VT_1、VT_2 是一对特性对称的 PNP 型管和 NPN 型管，电路工作在乙类状态，两只三极管的基极相连后作为输入端，发射极连在一起作为信号的输出端，集电极则是输入、输出的公共端，所以两只三极管均连接为射极输出器形式，输出端与负载采用直接耦合方式连接。

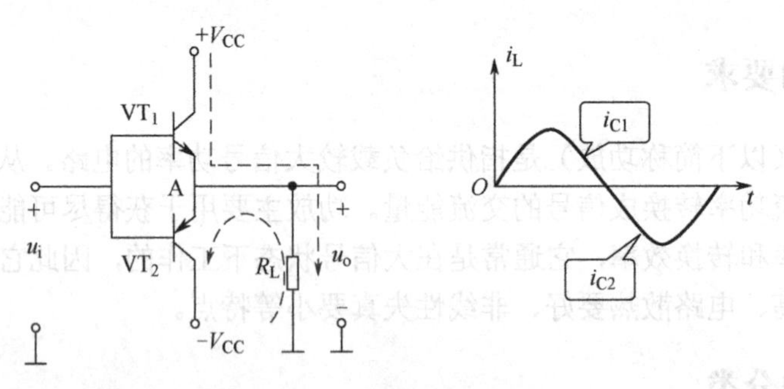

图 3-2-2　OCL 基本电路结构

由于电路中的 VT_1 和 VT_2 管型相反，特性对称，在 u_i 整个周期，VT_1、VT_2 交替工作，互相补充，向负载 R_L 提供了完整的输出信号，故称该电路为互补对称功放。

在 OCL 基本电路中，当输入电压小于三极管的开启电压时，VT_1、VT_2 均截止，从而出现如图 3-2-3 所示的交越失真现象。一旦音频功放出现交越失真，会使声音质量明显下降。

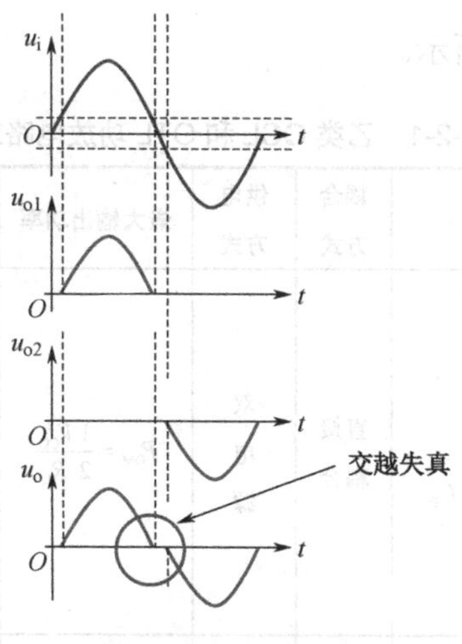

图 3-2-3 交越失真

由于 OCL 电路静态时两只三极管的发射极是零电位，因此负载可直接接到发射极而不必采用输出耦合电容，故称为无输出电容的互补功放电路。该电路采用直接耦合，具有低频响应好、输出功率大、电路便于集成等优点，广泛应用于一些高级音响设备中。但 OCL 电路需要两个独立的电源，使用起来不方便。

2. 单电源互补对称功放（OTL）

单电源互补对称功放，又称无输出变压器功放，简称 OTL 电路。

图 3-2-4 所示为基本 OTL 电路。与 OCL 电路不同的是，该电路由双电源供电改为单电源供电，输出端经大电容 C_L 与负载 R_L 耦合。

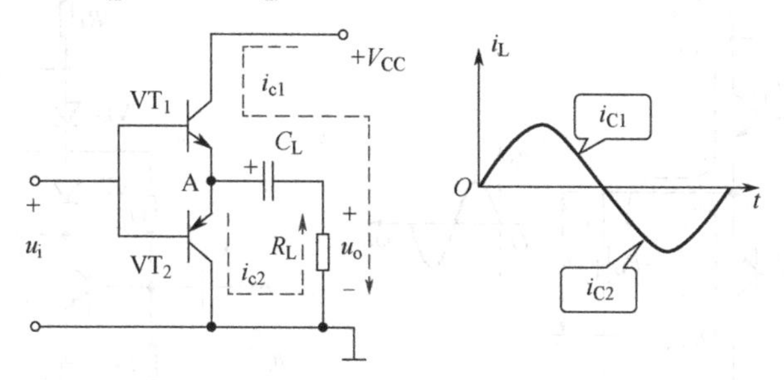

图 3-2-4 基本 OTL 电路

当 u_i=0 时，I_B=0，由于两只三极管的特性对称，$U_A=\frac{1}{2}V_{CC}$，则 C_L 上充有左正右负的静态电压 $U_{CL}=\frac{1}{2}V_{CC}$，相当于一个电压为 $\frac{1}{2}V_{CC}$ 的直流电源。此外，在输出端耦合电容 C_L 的隔直作用下，I_{RL}=0。

OTL 电路采用单电源供电，输出通过大容量的耦合电容与负载连接，称为无输出变压器的互补功放电路。与 OCL 电路相比，OTL 电路少用一个电源，故结构简单，使用方便。但 OTL 电路输出采用大电容耦合，所以其频率响应较差，不利于电路的集成化。乙类 OCL 和

OTL 功放电路对比如表 3-2-1 所示。

表 3-2-1　乙类 OCL 和 OTL 功放电路对比

名　称	电路结构	耦合方式	供电方式	最大输出功率	工作原理	失　真
OCL	$+V_{CC}$ VT$_1$ VT$_2$ U_i R_L U_o $-V_{CC}$	直接耦合	双电源	$P_{OM}=\frac{1}{2}\frac{V_{CC}^2}{R_L}$	通过两只三极管轮流交替工作共同完成对输入信号的放大，最后在负载上合成得到完整的波形	两只三极管轮流交替工作的结果在负载上合成时，将会在正、负半周交界处出现波形的失真，称为交越失真
OTL	$+V_{CC}$ VT$_1$ A C_L VT$_2$ U_i R_L U_o	电容耦合	单电源	$P_{OM}=\frac{1}{8}\frac{V_{CC}^2}{R_L}$	在输入信号的一个周期内，VT$_1$、VT$_2$ 两只管子交替承担放大任务，在负载上合成得到完整的正弦波	

为了克服交越失真，可以在两只互补三极管的基极之间串联二极管 VD$_1$、VD$_2$，以提供输出三极管微导通所需的正向偏压，使放大电路工作在甲乙类状态。甲乙类 OCL 功放和甲乙类 OTL 功放分别如图 3-2-5 和图 3-2-6 所示。

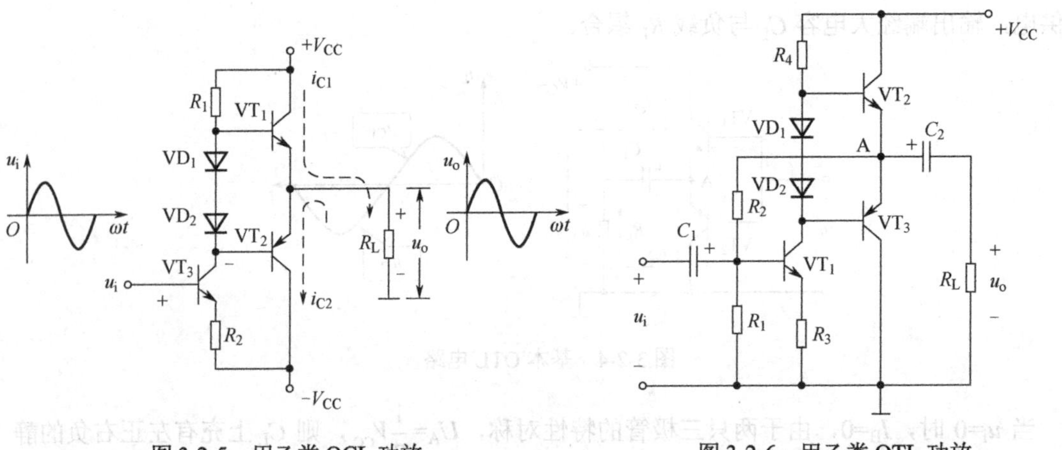

图 3-2-5　甲乙类 OCL 功放　　图 3-2-6　甲乙类 OTL 功放

【典例解析】

例 1：已知下图中 V_{CC}=24V，R_L=10Ω，求电路最大输出功率 P_{OM}。

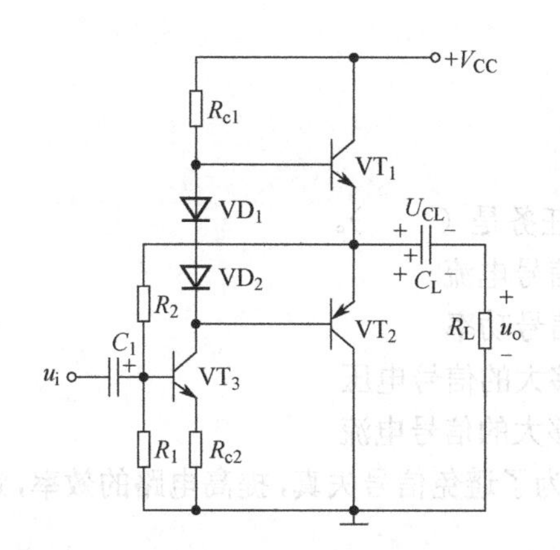

分析：首先判断电路是OCL功放还是OTL功放，图中是采用电容耦合输出，所以是OTL功放，最大输出功率$P_{OM}=\frac{1}{8}\frac{V_{CC}^2}{R_L}=7.2W$。

例2：将NPN型管和PNP型管组合起来，构成双管互补对称甲乙类功放，常见的有________电路和________电路。

分析：为了克服乙类功放交越失真的缺点，给两只功放管加上较小偏置，该偏置电压大致与死区电压相等，使功放管静态时工作在微导通状态，从而构成真正实用的互补对称功放电路，即甲乙类功放。采用直接耦合输出的互补对称功放电路简称OCL电路。采用电容耦合输出的互补对称功放电路简称OTL电路。

例3：电路的最大输出功率是功率放大电路最重要的技术指标，OCL功放和OTL功放的最大输出功率分别是________和________。

分析：$P_{OM}=\frac{1}{2}\frac{V_{CC}^2}{R_L}$，$P_{OM}=\frac{1}{8}\frac{V_{CC}^2}{R_L}$。

例4：（2016年高考真题）与甲类功放电路相比，乙类互补推挽功放电路的主要优点是效率较高。（　　）

分析：甲类功放电路Q点比较高，因此失真小，但是效率低。乙类互补推挽功放电路没有设置Q点，因此失真大，但是效率高。

例5：（2017年高考真题）某OCL功放的电源电压E_C=12V，负载电阻R_L=8Ω，其最大输出功率P_{OM}=________W。

分析：对OCL功放，其最大输出功率$P_{OM}=\frac{1}{2}\frac{E_C^2}{R_L}=9W$。

例6：（2020年高考真题）已知OTL功放电路的电源电压E_C=12V，在正常工作时其输出端静态电位为_____V。

分析：OTL功放在静态时，其输出端的电位为电源电压的一半，即$U_L=\frac{1}{2}E_C$。

【同步精练】

一、选择题

1. 功率放大器的主要任务是（　　）。
   A. 不失真地放大信号电流
   B. 不失真地放大信号功率
   C. 向负载提供足够大的信号电压
   D. 向负载提供足够大的信号电流

2. 在音频功放电路中，为了避免信号失真，提高电路的效率，通常使功放管工作在（　　）状态。
   A. 甲类　　B. 乙类
   C. 甲乙类　　D. 丙类

3. 功率放大器通常处于多级放大器中的（　　）位置。
   A. 前级　　B. 中间级
   C. 末级　　D. 不确定

4. 放大电路的效率是指（　　）。
   A. 管子消耗功率与电源功率之比
   B. 管子消耗功率与负载功率之比
   C. 静态时的电源功率与动态时的电源功率之比
   D. 负载功率与电源功率之比

5. OCL 功放电路中，输出端（中点）的静态电位为（　　）。
   A. V_{CC}　　B. $2V_{CC}$
   C. $V_{CC}/2$　　D. 0

6. OTL 功放电路中，输出端（中点）的静态电位为（　　）。
   A. V_{CC}　　B. $2V_{CC}$
   C. $V_{CC}/2$　　D. 0

7. 如果 OCL 电路工作于乙类状态，则理想的效率为（　　）。
   A. 87.5%　　B. 78.5%
   C. 50%　　D. 68.5%

8. 甲乙类功放的最大输出功率为（　　）。
   A. 50%　　B. 78.5%
   C. 30%　　D. 68%

9. 克服互补对称功率放大器的交越失真的有效措施是（　　）。
   A. 选择一个高频振荡电路
   B. 为输出管加上合适的偏置电压
   C. 加入自举电路
   D. 选用额定功率较大的放大管

10．互补对称式 OTL 功放电路完成对交流信号的倒相是在（ ）。

A．激励管　　B．NPN 功放管

C．PNP 功放管　　D．输出耦合电容

11．为了消除交越失真，OTL 功放电路中功放管应工作在（ ）状态。

A．饱和　　B．截止

C．放大　　D．微导通

12．乙类双电源互补对称功率放大电路出现交越失真的原因是（ ）。

A．两只三极管不对称　　B．输入信号过大

C．输出信号过大　　D．两只三极管的发射结偏置为零

二、判断题

1．功率放大器是大信号放大器，要求在不失真的条件下，能够得到足够大的输出。（ ）

2．功率放大器就是把小的输入功率放大为大的输出功率供给负载。（ ）

3．功率放大器输出功率越大，功率管的损耗也越大。（ ）

4．功放电路、电压放大电路、电流放大电路都有功率放大的作用。（ ）

5．功率放大器输出功率越大越好。（ ）

6．推挽功率放大器工作时，总有一只三极管是截止的，所以其输出波形必然失真。（ ）

7．甲类功放的理想效率为 78%，乙类功放的理想效率为 50%。（ ）

8．若甲乙类功放电路的工作点偏低，将会出现交越失真。（ ）

9．实用的 OTL、OCL 功放电路中的功放管，都只工作于信号的半个周期，它们轮流截止，轮流导通。（ ）

10．功率放大器除放大电压外，不放大电流。（ ）

11．乙类双电源互补对称功率放大电路中，正、负电源轮流供电。（ ）

12．因为 OTL 功率放大电路中的两只三极管工作在乙类状态，所以也存在着交越失真的问题。（ ）

13．双电源的互补对称功率放大电路选用两个不同类型的功放管，让它们在电路中交替工作。（ ）

三、填空题

1．根据三极管静态工作点 Q 在交流负载线上的位置不同，可分为________、________和________三种功率放大电路。

2．甲类功率放大器由于静态电流大，放大器的效率较低，最高只能达到________。

3．实用的功率放大器经常采用的方式是波形失真情况和效率介于甲类和乙类之间的________。

4．不同类型的两只三极管交替工作，且均为发射极输出形式的电路称为“互补电路”，两只管子的这种交替工作方式称为“互补”工作方式，这种功放电路通常称为________电路。

5．功率放大电路最重要的技术指标是电路的________及效率。

6．为了克服交越失真，可给两只互补管的发射结设置一个很小的________电压，使它们在静态时处于微导通状态。

7．功率放大器的功能是________，它要求一是________，二是________，三是________，四是________，具有过热、过流、过压保护措施。

8．OCL 功率放大器是由__________型三极管和__________型三极管构成的互补对称式电路。

9．OTL 电路与 OCL 电路的不同之处主要体现在两点：________________________；________________________。

10．甲乙类推挽功放电路与乙类推挽功放电路比较，前者增加了偏置电路，目的是避免________。

11．设计典型 OTL 功率放大器的额定输出功率为 10W，负载阻抗为 5Ω，要使负载上得到额定输出功率，则电源电压应为__________。

12．乙类互补对称功率放大电路中，由于三极管存在死区电压，输出信号在过零点附近出现失真，称之为________。

13．功率放大电路采用甲乙类工作状态是为了克服________。

第三节 正弦波振荡电路

【知识要点】

一、振荡电路结构

振荡电路是指在无外加激励信号的条件下，能自行将直流信号转化成一定频率、一定波形和一定幅度的交流信号的电路。按输出信号波形的不同，振荡电路可分为正弦波振荡电路和非正弦波振荡电路。

振荡电路一般由放大电路、选频网络和正反馈网络三部分构成。实际上，选频作用总是由放大或反馈电路兼用的，正弦波振荡电路的组成如图 3-3-1 所示。

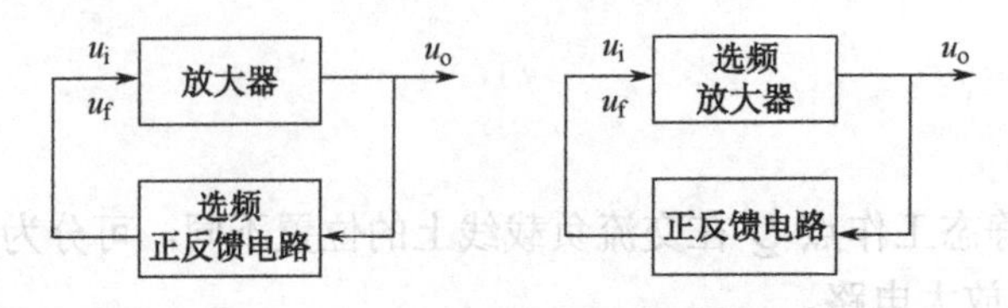

图 3-3-1　正弦波振荡电路的组成

二、振荡的平衡条件

振荡的平衡条件是指振荡电路正常工作、维持等幅振荡的条件，有相位平衡和幅度平衡两个条件。

1．相位平衡条件

相位平衡条件要求反馈信号与输入信号相位相同，即反馈回路必须是正反馈。

是否满足正反馈可用瞬时极性法判断，步骤如下：

① 在共射放大电路中，假设基极极性瞬间为正，发射极与基极同为正，集电极倒相后为负；

② 如果反馈信号反馈到基极，与原极性相同为正反馈，相反则为负反馈；

③ 如果反馈信号反馈到发射极，与原极性相同为负反馈，相反则为正反馈。

2．幅度平衡条件

幅度平衡条件要求反馈信号的幅度等于输入信号的幅度，即 $u_f=u_i'$。

实际上要求放大电路的放大倍数 A 与反馈电路的衰减倍数 $1/F$ 相等，振荡的幅度平衡条件为 $AF\geqslant1$。

三、振荡电路类型

正弦波振荡电路按选频网络的不同，可分为LC振荡电路、RC振荡电路和石英晶体振荡电路。

（一）LC振荡电路

LC振荡电路是一种高频振荡电路。常用的LC振荡电路有变压器反馈式振荡电路、电感三点式振荡电路和电容三点式振荡电路三种。

1．变压器反馈式振荡电路

变压器反馈式振荡电路如图3-3-2所示，采用分压式偏置共射放大电路；L_1C 并联回路为选频振荡回路；变压器二次绕组 L_2 作为反馈绕组，将输出电压的一部分反馈到输入端；L_3 作为振荡信号输出。

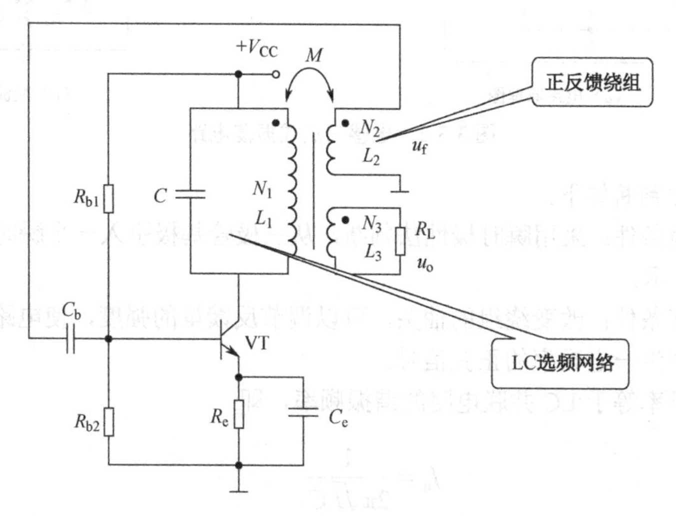

图3-3-2　变压器反馈式振荡电路

振荡平衡条件判断如下。

（1）幅度平衡条件：只要三极管的电流放大倍数 β 及 L_1 和 L_2 的匝数比合适，一般情况下，幅度平衡条件容易满足。

（2）相位平衡条件：必须正确连接反馈绕组 L_2 的极性，使之符合正反馈的要求，满足相位平衡条件。

判断电路是否满足相位平衡条件通常采用瞬时极性法，具体判断步骤如下。

① 断开反馈支路与放大电路输入端的连接点。

② 在断点处的放大电路输入端引入信号 u_i，并设其极性对地为正，然后按照先放大支路、后反馈支路的顺序，逐次推断有关电路各点的电位极性，从而确定 u_i 和 u_f 的相位关系。

③ 如果 u_i 和 u_f 同相，则电路满足相位平衡条件；否则，不满足相位平衡条件。

$$振荡频率\ f_0=\frac{1}{2\pi\sqrt{LC}}$$

变压器反馈式振荡电路易产生振荡，波形失真小，应用范围广泛，振荡频率通常在几兆赫至几十兆赫之间，但振荡频率的稳定性较差，适用于固定频率的振荡电路。

2. 电感三点式振荡电路

电感三点式振荡电路如图 3-3-3 所示，R_{b1}、R_{b2} 和 R_e 为偏置电阻，L_1、L_2 和 C 组成了选频网络，反馈电压取自 L_2 两端，C_b 为耦合电容，C_e 为旁路电容。

由于电感的三个引出端分别与三极管的三个电极相连，因此该电路称为电感三点式振荡电路。

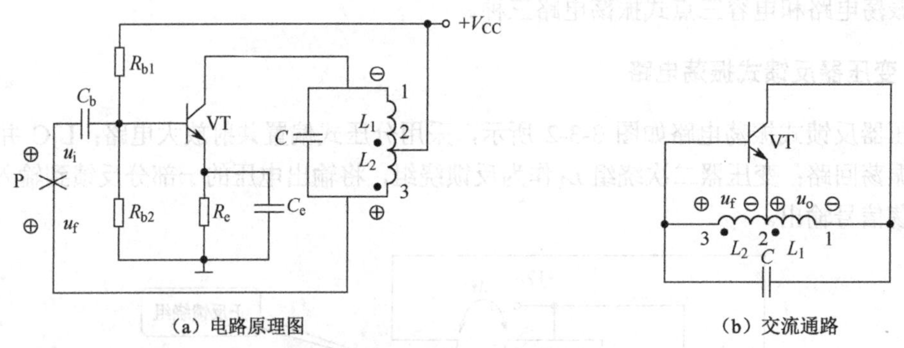

（a）电路原理图　　（b）交流通路

图 3-3-3　电感三点式振荡电路

振荡平衡条件判断如下。

（1）相位平衡条件：采用瞬时极性法判断，从三极管基极引入一个瞬时极性为+的信号，如图 3-3-3（a）所示。

（2）幅度平衡条件：改变绕组的抽头，可以调节反馈量的强度，使电路满足幅度平衡条件，就能振荡并产生一定频率的正弦信号。

电路的振荡频率等于 LC 并联电路的谐振频率，即

$$f_0=\frac{1}{2\pi\sqrt{LC}}$$

式中，$L=L_1+L_2+2M$，其中 M 是 L_1 与 L_2 之间的互感系数。

电感三点式振荡电路结构简单，容易起振，改变绕组抽头的位置，可调节振荡电路的输出幅度。采用可变电容 C 可获得较宽的频率调节范围，工作频率一般可达几十千赫至几十兆赫。但波形较差，其频率稳定性也不高，通常用于对波形要求不高的设备中，如接收机的本机振荡电路等。

3. 电容三点式振荡电路

电容三点式振荡电路如图 3-3-4 所示，选频网络由电感 L、电容 C_1、C_2 组成，选频网络中的“1”端通过输出耦合电容 C_c 接集电极，“2”端通过旁路电容 C_e 接发射极，“3”端通过耦合电容 C_b 接基极。

由于电容的三个端子分别与三极管 VT 的三个电极相连，故该电路称为电容三点式振荡电路。

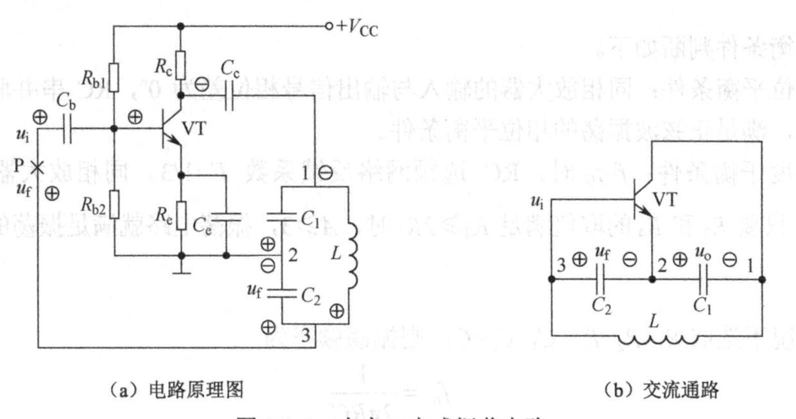

图 3-3-4 电容三点式振荡电路

振荡平衡条件判断如下。

用瞬时极性法判断：各点瞬时极性变化如图 3-3-4（b）所示。u_f 与 u_i 同相，即电路为正反馈，满足相位平衡条件。

适当选择 C_1 和 C_2 的数值，就能满足幅度平衡条件，电路起振。

振荡频率由 LC 回路谐振频率确定，电路的振荡频率为

$$f_0=\frac{1}{2\pi\sqrt{LC}}$$

式中，$C=C_1C_2/(C_1+C_2)$。

电容三点式振荡电路的结构简单，输出波形较好，振荡频率较高，可达 100MHz 以上。调节 C_1 或 C_2 可以改变振荡频率，但同时会影响起振条件，因此，这种电路适用于产生固定频率的振荡。实际使用中改变频率的办法是在电感 L 两端并联一个可变电容，用来微调频率。

（二）RC 振荡电路

RC 振荡电路如图 3-3-5 所示，由 R_1C_1 和 R_2C_2 构成具有选频作用的正反馈支路。由同相输入运放构成放大器，二者构成了正反馈放大器。

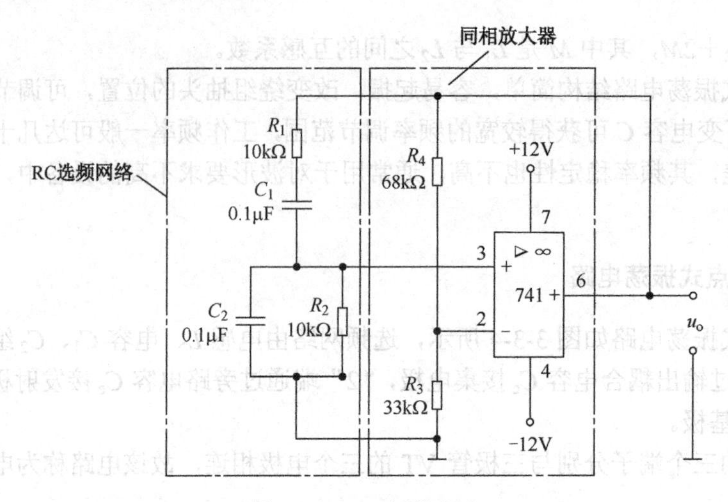

图 3-3-5　RC 振荡电路

振荡平衡条件判断如下。

（1）相位平衡条件：同相放大器的输入与输出信号相位差为 0º，RC 串并联选频网络的移相也为 0º，满足正弦波振荡的相位平衡条件。

（2）幅度平衡条件：$f=f_0$ 时，RC 选频网络反馈系数 $F=1/3$。同相放大器的放大倍数 $A=1+\dfrac{R_4}{R_3}$，只要 R_3 和 R_4 的取值满足 $R_4\geqslant 2R_3$ 时，$A\geqslant 3$，振荡电路就满足振荡的幅度平衡条件 $AF\geqslant 1$。

通常情况下选取 $R_1=R_2=R$，$C_1=C_2=C$，则振荡频率为

$$f_0=\frac{1}{2\pi RC}$$

RC 振荡电路的频率调节方便，波形失真小，频率调节范围宽，适用于所需正弦波振荡频率较低的场合。当振荡频率较高时，应选用 LC 振荡电路。

（三）石英晶体振荡电路

1．石英晶体的压电效应

如果在石英晶片两个极板间加一个交变电压（电场），晶片就会产生与该交变电压频率相似的机械振动。而晶片的机械振动，又会在其两个电极之间产生一个交变电场，这种现象称为压电效应。

2．石英晶体的等效电路

石英晶体的压电谐振等效电路如图 3-3-6（a）所示，图 3-3-6（b）是其电抗-频率特性曲线。

图 3-3-6（b）中，f_S 为晶体串联谐振频率；f_P 为晶体并联谐振频率。

产生谐振时的振荡频率称为晶体谐振器的振荡频率。

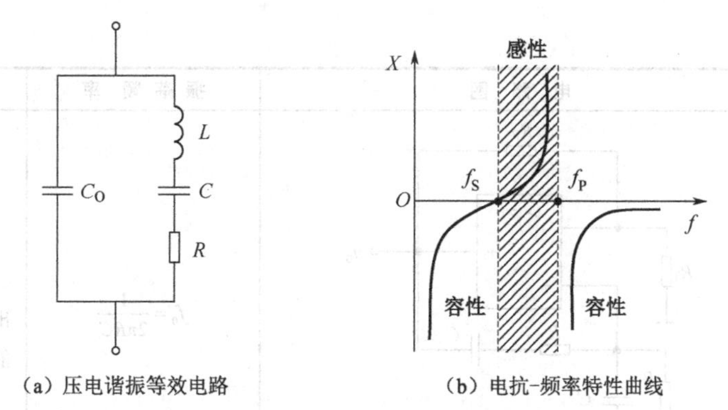

（a）压电谐振等效电路　　（b）电抗-频率特性曲线

图 3-3-6　石英晶体的等效电路

振荡电路对比如表 3-3-1 所示。

表 3-3-1　振荡电路对比

类　型		电 路 图	振 荡 频 率	特　点
LC 振荡电路	变压器反馈式振荡电路	$+V_{CC}$ M N_2 L_2 u_f R_{b1} C N_1 L_1 N_3 R_L L_3 u_o C_b VT R_{b2} R_e C_e	$f_0=\frac{1}{2\pi\sqrt{LC}}$	易起振，频率调节方便，但频率不高，波形不好
	电感三点式振荡电路	$+V_{CC}$ R_{b1} C_b VT L_1 C L_2 R_{b2} R_e C_e	$f_0=\frac{1}{2\pi\sqrt{LC}}=\frac{1}{2\pi\sqrt{(L_1+L_2+2M)C}}$	振荡频率很高，可达到几十兆赫兹，但波形失真较大
	电容三点式振荡电路	$+V_G$ R_c R_{b1} C_c C_b VT 1 C_1 L 2 R_{b2} C_2 R_e C_e 3	$f_0=\frac{1}{2\pi\sqrt{LC}}$ $C=\frac{C_1C_2}{C_1+C_2}$	频率较高，可达 100 MHz 以上。输出波形好，但调节频率不方便

续表

类　型	电 路 图	振 荡 频 率	特　点
RC 振荡电路	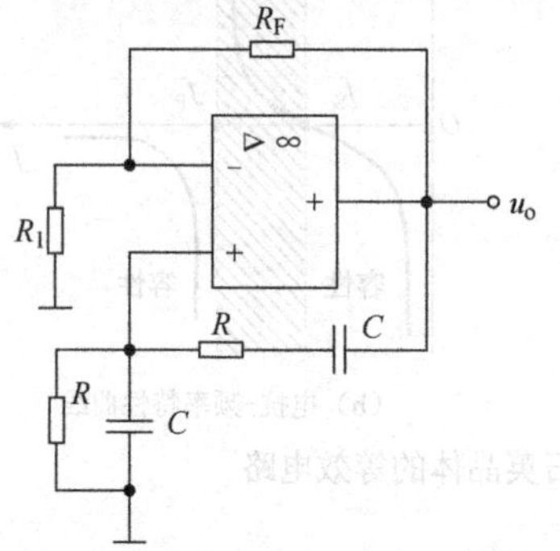 利用 RC 串并联电路作为选频网络	$f_0=\dfrac{1}{2\pi RC}$	频率调节方便，输出波形失真小，但只能产生低频信号
石英晶体振荡电路	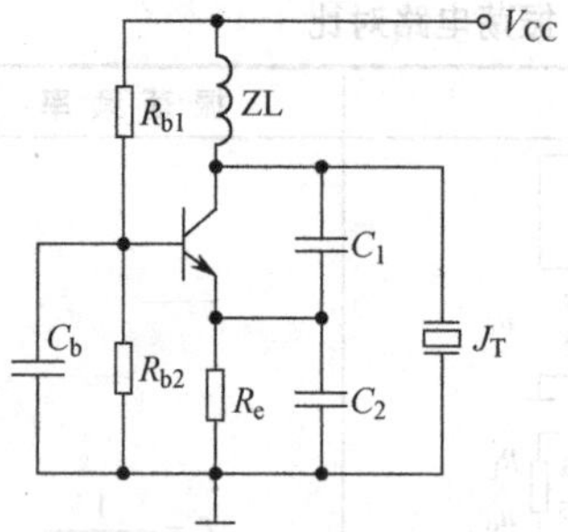 压电效应：当晶片外加一个变化电场时，晶体会产生机械形变；当极板间施加机械力时，晶体内会产生交变电场，这种现象称为压电效应	振荡频率等于石英晶体的固有频率	振荡频率高，频率稳定度好、精度高，但频率不易调节

【典例解析】

例 1：LC 振荡电路采用电感 L 和电容 C_______回路作为选频网络的振荡电路。

答案：并联

例 2：按构成选频网络的元件不同，正弦波振荡电路可分为________、________和石英晶体振荡电路。

答案：LC 振荡电路，RC 振荡电路

例 3：RC 振荡器的振荡频率公式是_______。

答案：$f_0=\dfrac{1}{2\pi RC}$

例 4：（2016 年高考真题）对于正弦波振荡电路而言，只要不满足相位平衡条件，即便是放大电路的放大倍数很大，它也不能产生正弦波振荡。（　　）

分析：正弦波振荡的条件是同时满足相位平衡和幅度平衡。

答案：正确

例 5：（2017 年高考真题）正弦波振荡电路中的反馈网络，只要满足正反馈电路就一定能产生振荡。（　　）

分析：正弦波振荡的条件是同时满足相位平衡和幅度平衡。
答案：错误

【同步精练】

一、选择题

1．正弦波振荡电路的幅度平衡条件是（　　）。
A．$AF>1$　　B．$AF=1$　　C．$AF<1$

2．振荡器之所以能获得单一频率的正弦波输出电压，是因为依靠了振荡器中的（　　）。
A．选频网络　　B．正反馈电路
C．基本放大电路　　D．基极偏置电路

3．电感三点式振荡器的优点是（　　）。
A．振荡波形较好
B．容易起振，频率调节范围宽
C．可以改变线圈抽头位置，使 L_2/L_1 尽可能增大

4．电容三点式振荡器适用于（　　）场合。
A．几兆赫兹以上的高频信号
B．几兆赫兹以下的高频信号
C．对频率稳定度要求高的

5．石英晶体振荡器的主要优点是（　　）。
A．振幅稳定度高　　B．频率稳定度高
C．波形好

6．自激正弦波振荡器之所以在接通电源时即能输出信号，是因为（　　）。
A．有放大能力　　B．有选频能力
C．满足了自激振荡条件

7．一个振荡器要能够产生正弦波振荡，其电路组成必须包含（　　）。
A．放大电路、负反馈电路
B．负反馈电路、选频电路
C．放大电路、正反馈电路、选频电路

8．正弦波振荡器中，选频网络的主要作用是（　　）。
A．使振荡器产生单一频率的正弦波
B．使振荡器输出较大的正弦波信号
C．使振荡信号包含丰富的频率成分

9．振荡器的振荡频率取决于（　　）。
A．供电电源　　B．选频网络
C．三极管的参数　　D．外界环境

10．为提高振荡频率的稳定度，高频正弦波振荡器一般选用（　　）。
A．LC 振荡器　　B．晶体振荡器
C．RC 振荡器

11．振荡器是根据___反馈原理来实现的，____反馈振荡电路的波形相对较好。（　　）

A．正、电感　　　　B．正、电容

C．负、电感　　　　D．负、电容

12．正弦波振荡器中正反馈网络的作用是（　　）。

A．保证产生自激振荡的相位条件

B．提高放大器的放大倍数，使输出信号足够大

C．产生单一频率的正弦波

D．以上说法都不对

13．振荡器与放大器的区别是（　　）。

A．振荡器比放大器电源电压高

B．振荡器比放大器失真小

C．振荡器无须外加激励信号，放大器需要外加激励信号

D．振荡器需要外加激励信号，放大器无须外加激励信号

14．在自激振荡电路中，下列说法正确的是（　　）。

A．LC 振荡器、RC 振荡器一定产生正弦波

B．石英晶体振荡器不能产生正弦波

C．电感三点式振荡器产生的正弦波失真较大

D．电容三点式振荡器的振荡频率不高

15．在正弦波振荡器中，放大器的主要作用是（　　）。

A．保证电路满足幅度平衡条件

B．保证电路满足相位平衡条件

C．把外界的影响减弱

16．电容三点式振荡器与电感三点式振荡器比较，其优点是（　　）。

A．电路组成简单

B．输出波形较好

C．容易调节振荡频率

二、判断题

1．正弦波振荡电路的选频网络只能放在反馈网络中。（　　）

2．自激振荡是指在外部一个小信号的作用下起振后就能靠振荡器内部正反馈维持的振荡。（　　）

3．LC 振荡电路采用电感 L 和电容 C 串联回路作为选频网络的振荡电路。（　　）

4．只要满足相位平衡条件和幅度平衡条件中的一条，电路就能够产生振荡。（　　）

5．正弦波振荡电路的起振条件是$|\dot{A}\dot{F}|=1$。（　　）

6．反馈式振荡器只要满足幅度平衡条件就可以产生振荡。（　　）

7．放大器必须同时满足相位平衡条件和幅度平衡条件才能产生自激振荡。（　　）

8．正弦波振荡器必须输入正弦波信号。（　　）

9．LC 振荡器是靠负反馈来稳定振幅的。（　　）

10．正弦波振荡器中如果没有选频网络，就不能引起自激振荡。（　　）

11．若某电路满足相位平衡条件（正反馈），则一定能产生正弦波振荡。（　　）

12．LC 振荡器的振荡频率由反馈网络决定。（　　）

13．振荡器与放大器的主要区别之一是：放大器的输出信号与输入信号频率相同，而振荡器一般不需要输入信号。（　　）

14．谐振放大器与普通放大器的区别在于它具有选频功能。（　　）

15．正弦波振荡器中正反馈网络的作用是保证电路满足幅度平衡条件。（　　）

16．对于正弦波振荡器而言，若相位平衡条件得不到满足，即使放大倍数再大，它也不可能产生正弦波振荡。（　　）

17．在正弦波振荡电路中，只允许存在正反馈，不允许引入负反馈。（　　）

18．在 RC 桥式正弦波振荡电路中，若 RC 串并联选频网络中的电阻均为 R，电容均为 C，则其振荡频率 $f=1/RC$。（　　）

三、填空题

1．在很多电子设备中，需要将直流电转变成交流信号，能将直流电转变为交流信号的电路称为________。

2．按输出信号波形的不同，振荡电路可分为________和________两大类。

3．正弦波振荡电路由________、________和________三部分组成。

4．自激振荡要起振必须满足________和________两个条件。

5．幅度平衡条件的表达式是________。

6．谐振放大器与普通放大器的区别在于它采用________作为负载，对信号具有________和________作用。

7．LC 振荡器有变压器耦合式振荡器和________两种电路形式。

8．振荡电路是指在________的条件下，能自行将________转化成一定频率、一定波形和一定幅度的________的电路。

第四节　高频信号处理电路

【知识要点】

一、调制

将低频信号加载到高频信号的过程称为调制。其中低频信号叫作调制信号，高频信号叫作载波。

广播和无线电通信是利用调制技术把低频声音信号加到高频信号上发射出去的。在接收机中还原的过程叫作解调。常见的连续波调制方法有调幅和调频两种，对应的解调方法叫作检波和鉴频。

二、调幅与检波

1. 调幅

高频载波的幅度被低频信号控制，这种调制方式称为调幅（AM）。被调后的信号称为调幅波或调幅信号。

调幅波的特点：其频率和载波频率一致，包络线波形和调制信号的波形一致。

2. 检波

从调幅信号中还原出调制信号的过程叫作检波。完成检波任务的电路称为检波器。检波电路或检波器的作用是从调幅波中取出低频信号。检波的工作过程正好和调幅相反。

三、调频与鉴频

1. 调频

如果载波的频率被低频信号控制，这种调制方式称为调频（FM）。被调后的信号称为调频波或调频信号。

调频波的特点：频率随着调制信号的波形变化而发生变化，信号的幅度越大，频率越高（波形越密）；信号的幅度越小，频率越低（波形越稀）。

2. 鉴频

从调频波中调解出原来调制信号的过程称为鉴频，实现鉴频的电路称为鉴频器，也称为频率检波器。

四、混频器

1. 变频器的组成

完成频率变换功能的电路称为变频器，它由混频和本真两部分组成。

2. 超外差

外来电台信号 f_s 和本机振荡频率 f_0 在混频器中相减，得到固定频率为465MHz的中频信号，即 $f_I = f_0 - f_s$，由于本振信号总比外电台信号高一个固定频率，因此称之为超外差。

【典例解析】

例 1：调频收音机的抗干扰能力比调幅收音机强。（　　）

分析：调频可以用限幅的方法消除干扰，而调幅不可以。

例 2：检波只能用二极管完成。（　　）

分析：检波器由非线性器件和低通滤波器两部分组成，非线性器件一般是二极管或三极管。

例 3：在发送端，把声音“搭载”在无线电波上，也就是用低频信号去控制高频信号的过程称为________。如果载波的幅度被低频信号控制，这种调制称为________（AM）。如果载波的频率被低频信号控制，这种调制称为________（FM）。

答案：调制，调幅，调频

【同步精练】

一、填空题

1．所谓调幅波就是使高频载波的________随低频调制波的________而变化。

2．调幅波的解调称为________。

3．调频就是使高频振荡的________随调制信号的________而变化。

4．所谓鉴频就是________。

5．常用的把低频信号调制到载波上的方式有________和________两种。

6．调幅波的频率与载波的频率________，包络线波形与调制信号的波形________。常利用二极管或三极管的________特点来实现调幅。

7．为了保证整个收音机频带内的电台收音效果都较好，采用了中频放大的方式，即把这些分散在各个频率点的电台信号，在收音机里都变成一个固定的频率（这个频率称为中频）信号，这样就能很好地加以放大了。完成这一功能的电路称为________。

8．从调幅信号中解调还原调制信号的过程称为__________。

二、判断题

1．调幅就是使高频载波的振幅随低频调制信号的振幅的变化而变化。（　）

2．调幅就是使高频载波的瞬时幅度随低频调制信号的瞬时幅度的变化而变化。（　）

3．调频就是使高频振荡（载波）的瞬时频率随调制信号的频率的变化而变化。（　）

4．调频就是使高频振荡的瞬时频率随调制信号振幅最大值的变化而变化。（　）

5．调频就是使高频振荡的瞬时频率随调制信号瞬时幅度的变化而变化。（　）

6．从调频波中解调出原来调制信号的过程称为鉴频。（　）

7．调幅收音机的中频频率为465MHz。（　）

第四单元　数字电路基础

知识框架

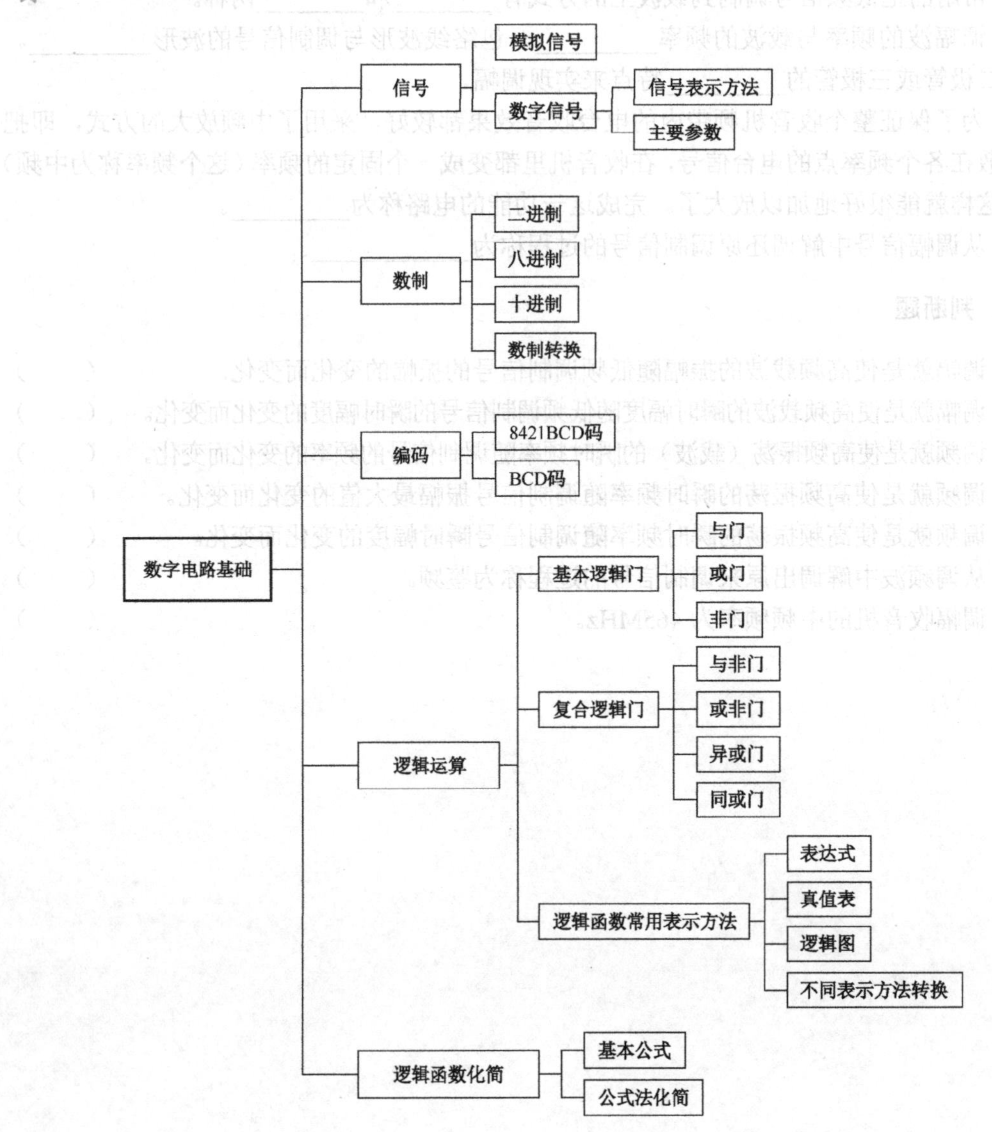

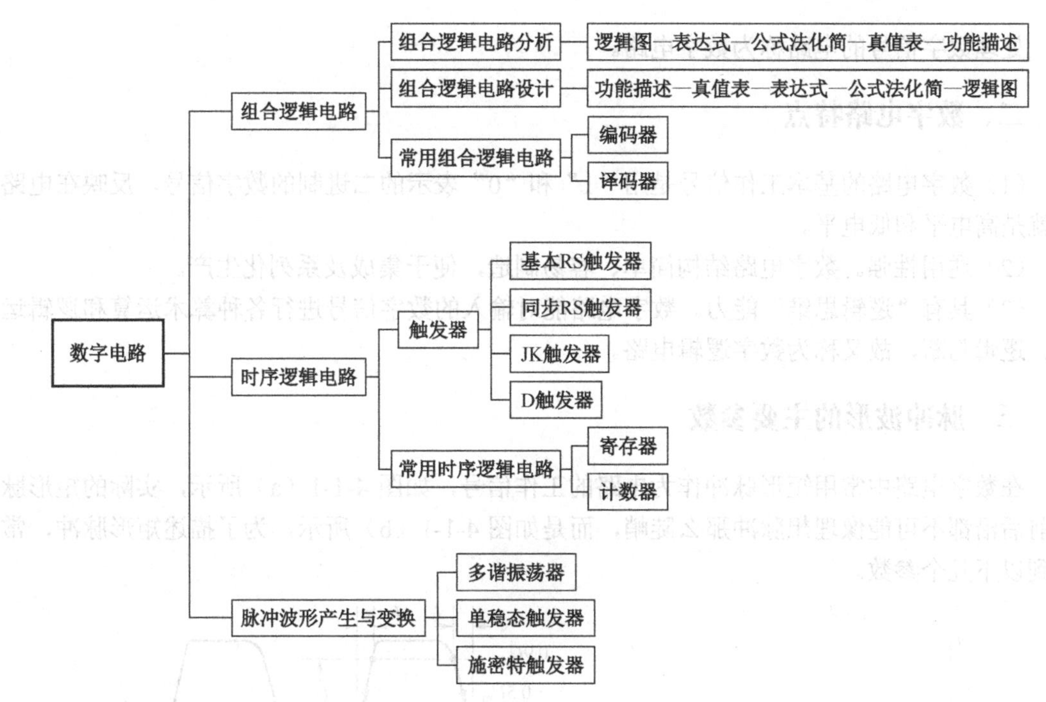

考纲要求

1. 理解模拟信号与数字信号的区别，了解脉冲波形的主要参数。
2. 掌握常用逻辑门电路的逻辑功能，掌握逻辑函数的化简方法。
3. 掌握逻辑电路图、逻辑表达式、真值表之间的互换方法。
4. 掌握组合逻辑电路的设计与分析方法。
5. 理解编码器和译码器的工作过程。
6. 掌握基本 RS 触发器、同步 RS 触发器、JK 触发器、D 触发器的逻辑功能。
7. 理解寄存器和计数器的工作过程。
8. 了解脉冲波形的产生与变换原理。

第一节 数字电路

【知识要点】

一、数字信号与模拟信号

模拟信号：在时间和幅值上都连续变化的信号，如声音、温度等电信号就是模拟信号。处理模拟信号的电路称为模拟电路。

数字信号：在时间和幅值上都离散的信号，反映在电路中就是表示高电平和低电平两种状态的信号，常用“0”和“1”表示两种相反的状态。

处理数字信号的电路称为数字电路。

二、数字电路特点

（1）数字电路的基本工作信号是用“1”和“0”表示的二进制的数字信号，反映在电路上就是高电平和低电平。

（2）通用性强。数字电路结构简单、容易制造，便于集成及系列化生产。

（3）具有“逻辑思维”能力。数字电路能对输入的数字信号进行各种算术运算和逻辑运算、逻辑判断，故又称为数字逻辑电路。

三、脉冲波形的主要参数

在数字电路中常用矩形脉冲作为电路的工作信号，如图 4-1-1（a）所示，实际的矩形脉冲前后沿都不可能像理想脉冲那么陡峭，而是如图 4-1-1（b）所示，为了描述矩形脉冲，常用到以下几个参数。

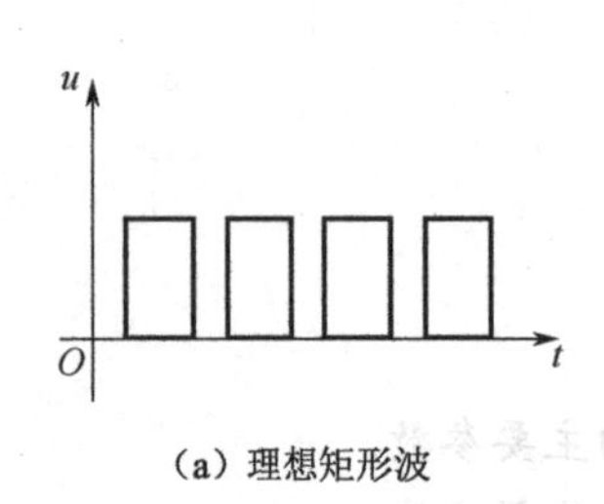

（a）理想矩形波

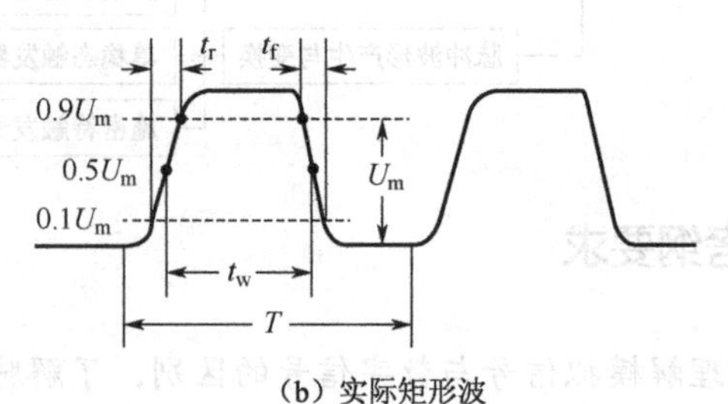

（b）实际矩形波

图 4-1-1 矩形脉冲

（1）脉冲幅度 U_m：脉冲波形变化的最大值，单位为伏（V）。

（2）脉冲上升时间 t_r：脉冲波形从 $0.1U_m$ 上升到 $0.9U_m$ 所需的时间。

（3）脉冲下降时间 t_f：脉冲波形从 $0.9U_m$ 下降到 $0.1U_m$ 所需的时间。

脉冲上升时间 t_r 和下降时间 t_f 越短，越接近于理想的矩形脉冲，其单位为秒（s）、毫秒（ms）、微秒（μs）、纳秒（ns）。

（4）脉冲宽度 t_w：脉冲从上升沿 $0.5U_m$ 到下降沿 $0.5U_m$ 所需的时间，其单位和 t_r、t_f 相同。

（5）脉冲周期 T：在周期性脉冲中，相邻两个脉冲波形重复出现所需的时间，其单位和 t_r、t_f 相同。

（6）脉冲频率 f：每秒时间内，脉冲出现的次数，其单位为赫兹（Hz）、千赫兹（kHz）、兆赫兹（MHz），$f=1/T$。

（7）占空比 q：脉冲宽度与脉冲周期 T 的比值，$q=t_w/T$。它是描述脉冲波形疏密的参数。

四、数制与编码

（一）数制

数制是计数进位制的简称，数制中每一固定位置对应的单位值称为位权，简称权。数位上的数码称为系数，权乘以系数称为加权系数。

（1）十进制：基数为 10，数码为 0～9；运算规律为逢十进一。

十进制数的权展开式，如：

$$(5555)_{10}=5\times10^3+5\times10^2+5\times10^1+5\times10^0$$

（2）二进制：基数为 2，数码为 0、1；运算规律为逢二进一。

二进制数的权展开式，如：

$$(101.01)_2=1\times2^2+0\times2^1+1\times2^0+0\times2^{-1}+1\times2^{-2}=(5.25)_{10}$$

（3）八进制：基数为 8，数码为 0～7；运算规律为逢八进一。

八进制数的权展开式，如：

$$(207.04)_8=2\times8^2+0\times8^1+7\times8^0+0\times8^{-1}+4\times8^{-2}=(135.0625)_{10}$$

（4）十六进制：基数为 16，数码为 0～9、A～F；运算规律为逢十六进一。

十六进制数的权展开式，如：

$$(D8.A)_{16}=13\times16^1+8\times16^0+10\times16^{-1}=(216.625)_{10}$$

（二）数制转换

1. 非十进制数转换为十进制数

将非十进制数按权展开，得出其相加结果，就是对应的十进制数，即按权展开相加。

例：$(11010)_2=1\times2^4+1\times2^3+0\times2^2+1\times2^1+0\times2^0$

$=2^4+2^3+0+2^1+0$

$=(26)_{10}$

例：$(174)_{16}=1\times16^2+7\times16^1+4\times16^0$

$=256+112+4$

$=(372)_{10}$

2. 十进制整数转换为二进制数

将十进制整数逐次地用 2 除取余数，直到商为零。然后把全部余数按相反的次序排列起来，就是等值的二进制数，即除二取余，逆序排列。

例：将十进制数 19 转化为二进制数。

```
2 |19 ......... 余1   ↑
2 | 9 ......... 余1   |
2 | 4 ......... 余0   | 读数方向
2 | 2 ......... 余0   |
2 | 1 ......... 余1   |
     0
```

所以$(19)_{10}=(10011)_2$。

3. 二进制整数转换为十六进制数

将二进制整数自右向左每 4 位分为一组，最后不足 4 位的，高位用零补足，再把每 4 位二进制数对应的十六进制数写出即可。

例：将二进制数 11010110101 转换为十六进制数。

二进制数　0110 1011 0101

十六进制数　6　B　5

所以$(11010110101)_2=(6B5)_{16}$。

4．十六进制数转换为二进制数

将每个十六进制数用 4 位二进制数表示，然后按十六进制数的排序将这些 4 位二进制数排列好，就可得到相应的二进制数。

例：将十六进制数 4E6 转化为二进制数。

十六进制数　4　E　6

二进制数　100　1110　110

所以$(4E6)_{16}=(1001110110)_2$。

（三）编码

用 0 和 1 两个数码的组合来表示特定对象的过程称为编码，用于编码的数码称为代码。编码的方法有很多种，我们把各种编码的制式称为码制。

1．二进制代码

数字系统处理的信息，一类是数值，另一类则是文字和符号，这些信息往往采用多位二进制数码来表示。通常把这种表示特定对象的多位二进制数称为二进制代码。

二进制代码与所表示的信息之间应具有一一对应的关系，用 n 位二进制数可以组合成 2^n 个代码，若需要编码的信息有 N 项，则应满足 $2^n \geqslant N$。

2．BCD 码

用 4 位二进制代码表示 1 位十进制数的编码方式称为二-十进制代码，简称 BCD 码。在 BCD 码中最常用的是 8421BCD 码，它是用 4 位二进制数表示 1 位等值的十进制数，其位权从高位到低位依次为 8、4、2、1。8421BCD 码选取 0000～1001 前 10 种组合来表示十进制数，而后 6 种组合 1010～1111 舍去不用。

3．编码器

将字、字母等转换成若干位二进制信息符号的过程称为编码，能够完成编码功能的组合逻辑电路称为编码器，编码器按编码方式的不同，可分为二进制编码器和二-十进制编码器；按编码先后顺序，可分为普通编码器和优先编码器。在普通编码器中，任何时刻只允许输入一个编码信号，否则输出将发生混乱。在优先编码器中，允许几个信号同时输入，但只对优先级别最高的信号进行编码。

4．译码器

把二进制代码翻译成一个相应的输出信号的过程称为译码，它是编码的逆过程。实现译码的电路称为译码器。

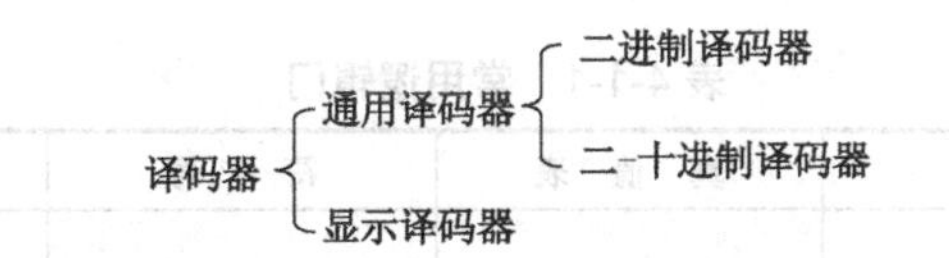

显示译码器将输入的二进制代码译成能用于显示器件的特定信号，并驱动显示器发光显示图形。常用的半导体数码管是将 7 个发光二极管（LED）排列成“日”字形状的显示译码器，如图 4-1-2 所示，7 个发光二极管分别用 a、b、c、d、e、f、g 表示。

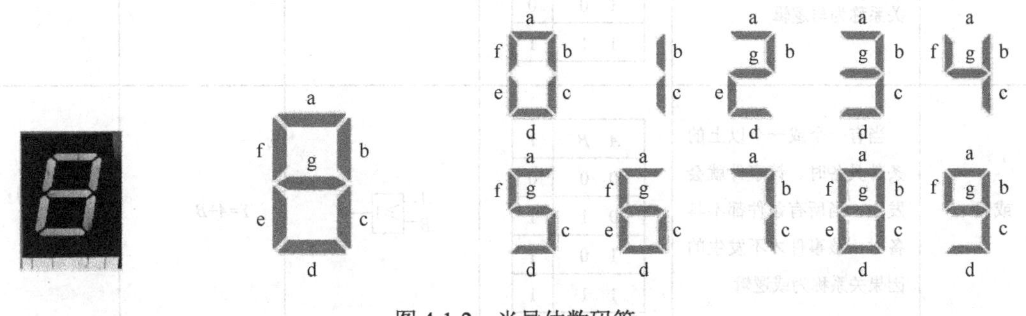

图 4-1-2　半导体数码管

数码管内部发光二极管的接法，有共阴极和共阳极两种，如图 4-1-3 所示。

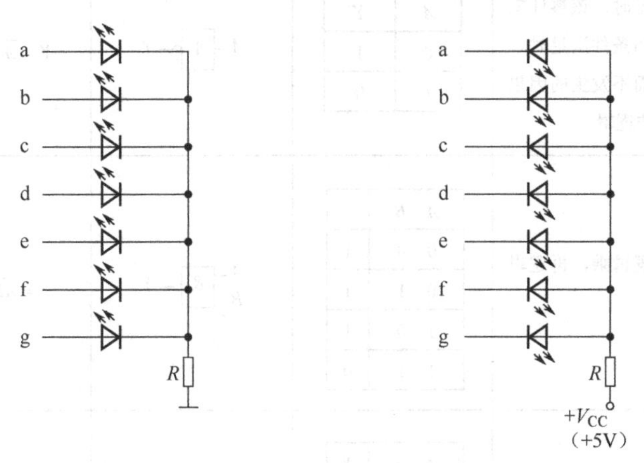

图 4-1-3　数码管内部的发光二极管电路

共阴极：输入高电平有效，即输入高电平来驱动各显示段发光。

共阳极：输入低电平有效，即输入低电平来驱动各显示段发光。

五、门电路

数字电路中往往用输入信号表示“条件”，用输出信号表示“结果”，而条件与结果之间的因果关系称为逻辑关系；能实现某种逻辑关系的数字电子电路称为逻辑门电路。基本逻辑门电路有与门、或门、非门；复合逻辑门电路有与非门、或非门、异或门、同或门等。常用逻辑门如表 4-1-1 所示。

表 4-1-1 常用逻辑门

门电路	逻辑关系	真值表	符号	表达式	功能
与门	当决定事件发生的所有条件都满足时，事件才能发生，否则不发生的因果关系称为与逻辑	A B Y 0 0 0 0 1 0 1 0 0 1 1 1	A, B — & — Y	$Y=A\bullet B$ 或 $Y=AB$	有0出0，全1为1
或门	当有一个或一个以上的条件具备时，该事件就会发生；当所有条件都不具备时，该事件才不发生的因果关系称为或逻辑	A B Y 0 0 0 0 1 1 1 0 1 1 1 1	A, B — ≥1 — Y	$Y=A+B$	有1出1，全0为0
非门	当决定事件发生的唯一条件不满足时，该事件就发生；而当条件满足时，该事件反而不发生的因果关系称为非逻辑	A Y 0 1 1 0	A — 1 — Y	$Y=\overline{A}$	取反
与非门	先完成逻辑乘，再逻辑取反	A B Y 0 0 1 0 1 1 1 0 1 1 1 0	A, B — & — Y	$Y=\overline{AB}$	有0出1，全1为0
或非门	先完成逻辑加，再逻辑取反	A B Y 0 0 1 0 1 0 1 0 0 1 1 0	A, B — ≥1 — Y	$Y=\overline{A+B}$	有1出0，全0为1
异或门	当输入信号 A、B 相同时，输出信号 Y 等于 0；当输入信号 A、B 不同时；输出信号 Y 等于 1	A B Y 0 0 0 0 1 1 1 0 1 1 1 0	A, B — =1 — Y	$Y=A\oplus B$ 或 $Y=\overline{A}B+A\overline{B}$	异出1，同为0

续表

门电路	逻辑关系	真值表	符号	表达式	功能
同或门	当输入信号 A、B 相同时，输出信号 Y 等于 1；当输入信号 A、B 不同时，输出信号 Y 等于 0	A B | Y 0 0 | 1 0 1 | 0 1 0 | 0 1 1 | 1	A、B → =1 → Y	$Y=A\odot B$ 或 $Y=AB+\overline{A}\overline{B}$	同出 1，异为 0

【典例解析】

例 1：（2015 年高考真题）数字信号比模拟信号抗干扰能力强。（ ）

分析：数字信号是在时间和数值上都离散的信号，最常见的是只有高、低电平的二值信号，它的特点决定了数字电路与模拟电路相比，具有电路结构简单、便于集成、抗干扰能力强、可靠性高、电路分析和设计方法简单、保密性好等优势。

例 2：（2014 年高考真题）在数字电路中，二进制数转换成十进制数的方法是____________________。

分析：先把二进制数按位权展开后再按十进制加法规则求和。

例 3：（2014 年高考真题）与门电路的逻辑功能是（ ）。

A．全高为高，有低为低　　B．全低为低，有高为高

C．全低为高，有高为高　　D．有低为高，全高为高

分析：根据与门的真值表可知，其输出与输入的关系为：有 0 出 0，全 1 为 1，即有低为低，全高为高。

例 4：（2017 年高考真题）要使“与非”运算的结果是逻辑 0，则其输入必须（ ）。

A．全部输入 0　　B．任一输入 0

C．仅一输入 0　　D．全部输入 1

分析：与非门的逻辑功能为：有 0 出 1，全 1 为 0 。

例 5：（2016 年高考真题）共阴极接法的数码管需选用有效输出为低电平的显示译码器来驱动。（ ）

分析：共阴数码管需要高电平驱动，共阳数码管需要低电平驱动。

例 6：（2017 年高考真题）如图所示的共阳极接法的数码管，若仅 a、b、d、e、g 端输入低电平，则数码管显示的数字为________。

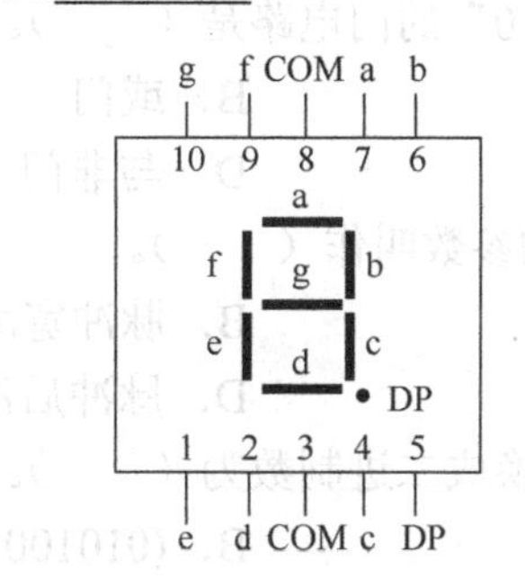

分析：共阳数码管需要低电平驱动，若a、b、d、e、g端输入低电平，则对应的二极管发光，显示的数字为2。

例7：（2019年高考真题）将8421BCD码0011 0001转换为十进制数是（　　）。

A．13　　B．31　　C．35　　D．49

分析：8421BCD码是4位为一组表示一个十进制数，0011表示的十进制数为3，0001表示的十进制数为1。

例8：（2020年高考真题）下图所示为LED共阴数码管，若数码管b、c端输入高电平，其余端输入低电平，则数码管显示数字________。

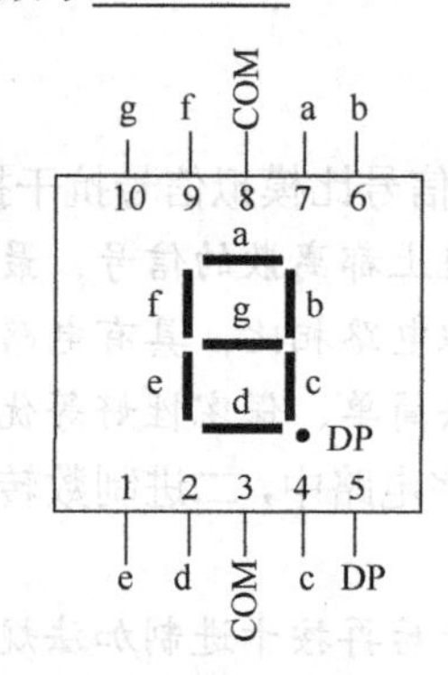

分析：共阴数码管，需要高电平驱动发光，因此b、c两端能发光，显示数字1。

【同步精练】

一、单项选择题

1．（　　）信号属于数字信号。

A．正弦波　　B．时钟脉冲

C．音频　　D．视频图像

2．十进制整数转换为二进制数一般采用（　　）。

A．除2取余法　　B．除2取整法

C．除10取余法　　D．除10取整法

3．在（　　）的情况下，函数$Y = AB$运算的结果是逻辑"1"。

A．全部输入是"0"　　B．任一输入是"0"

C．任一输入是"1"　　D．全部输入是"1"

4．能实现"有0出1，全1出0"的门电路是（　　）。

A．与门　　B．或门

C．非门　　D．与非门

5．表示脉冲电压变化最大值的参数叫作（　　）。

A．脉冲幅度　　B．脉冲宽度

C．脉冲前沿　　D．脉冲后沿

6．将代码$(10000011)_{8421BCD}$转换成二进制数为（　　）。

A．$(01000011)_2$　　B．$(01010011)_2$

C．$(10000011)_2$　　D．$(000100110001)_2$

7．（　　）违反了基本逻辑关系。

A．有 1 出 0，有 0 出 1　　B．有 1 出 1，全 0 出 0

C．有 0 出 0，全 1 出 1　　D．有 1 出 1，有 0 出 0

8．二进制 11101 转化成十进制数为（　　）。

A．29　　B．57

C．4　　D．15

9．表示两个相邻脉冲重复出现的时间间隔的参数叫作（　　）。

A．脉冲周期　　B．脉冲宽度

C．脉冲前沿　　D．脉冲后沿

10．凡在数值上或时间上连续变化的信号，称为（　　）。

A．模拟信号　　B．数字信号

C．直流信号　　D．交流信号

11．矩形脉冲信号属于（　　）。

A．模拟信号　　B．直流信号

C．数字信号　　D．交流信号

12．下列不是数字信号的优点的是（　　）。

A．抗干扰能力强　　B．保密性好

C．传输信号质量高　　D．电路简单

13．（　　）不是矩形脉冲信号的参数。

A．占空比　　B．增益

C．脉宽　　D．周期

14．下图所示为二极管构成的或门电路，欲使输出信号 Y 为低电平，则输入信号 A、B 为（　　）。

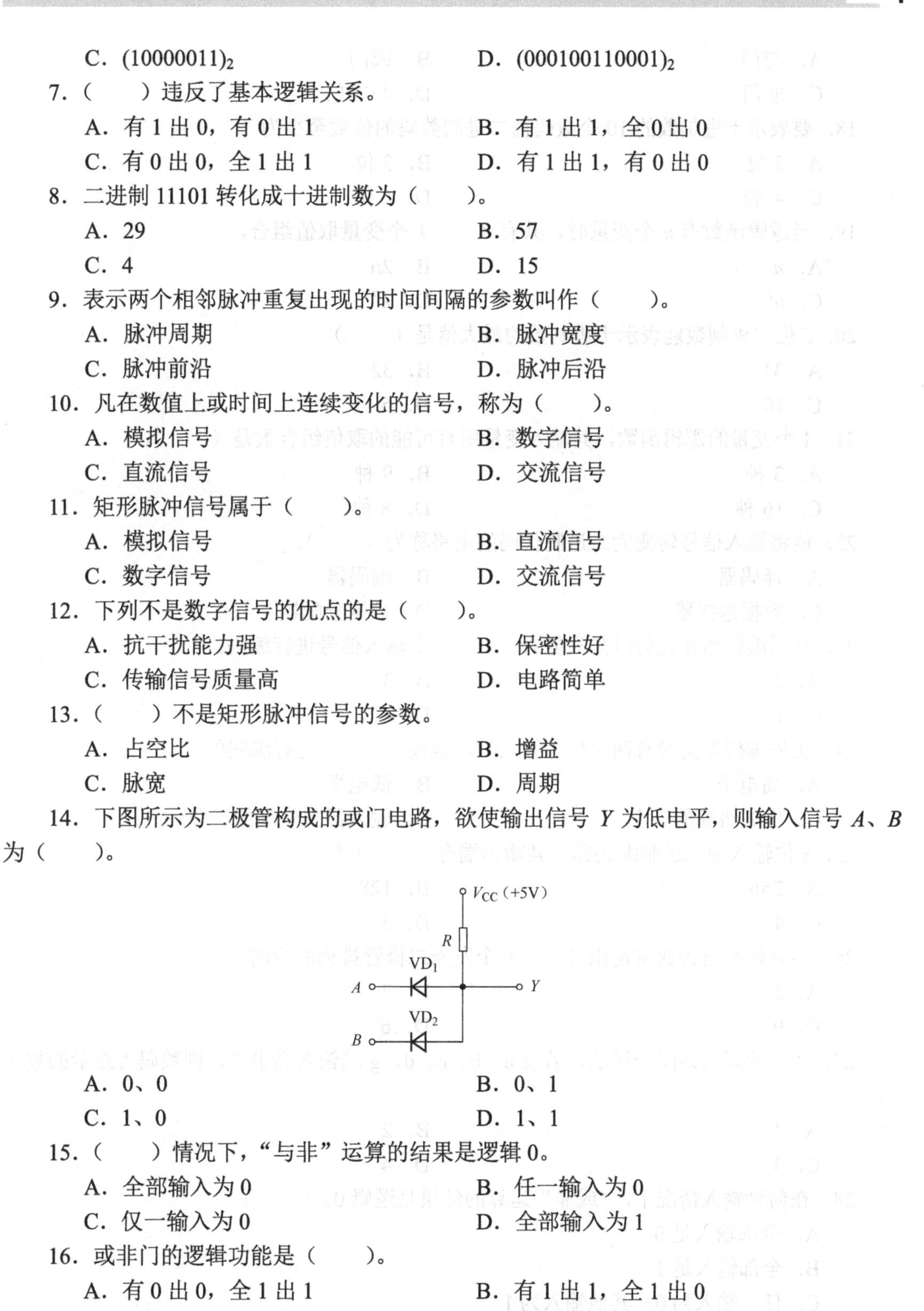

A．0、0　　B．0、1

C．1、0　　D．1、1

15．（　　）情况下，“与非”运算的结果是逻辑 0。

A．全部输入为 0　　B．任一输入为 0

C．仅一输入为 0　　D．全部输入为 1

16．或非门的逻辑功能是（　　）。

A．有 0 出 0，全 1 出 1　　B．有 1 出 1，全 1 出 0

C．有 0 出 1，全 1 出 0　　D．有 1 出 0，全 0 出 1

17．能实现“有 1 出 1，全 0 出 0”的门电路是（　　）

A．与门　　B．或门
C．非门　　D．与非门

18．要表示十进制数的10个数码需二进制数码的位数至少为（　　）。
A．2位　　B．3位
C．4 位　　D．5位

19．当逻辑函数有 n 个变量时，共有（　　）个变量取值组合。
A．n　　B．$2n$
C．n^2　　D．2^n

20．5位二进制数能表示十进制数的最大值是（　　）。
A．31　　B．32
C．10　　D．5

21．4个变量的逻辑函数，其输入变量所有可能的取值组合数是（　　）。
A．3种　　B．9种
C．16种　　D．8种

22．能将输入信号转变为二进制代码的电路称为（　　）。
A．译码器　　B．编码器
C．数据选择器　　D．数据分配器

23．普通编码器在任何时刻只能对（　　）个输入信号进行编码。
A．2　　B．3
C．1　　D．4

24．优先编码器同时有两个信号输入时，是按（　　）进行编码的。
A．高电平　　B．低电平
C．优先级高的一个　　D．输入频率较高的一个

25．8位输入的二进制编码器，其输出端有（　　）位。
A．256　　B．128
C．4　　D．3

26．半导体数码管通常是由（　　）个发光二极管排列而成的。
A．5　　B．7
C．9　　D．6

27．数码管采用共阴极接法，若仅a、b、c、d、g端输入高电平，则数码管显示的数字为（　　）。
A．1　　B．2
C．3　　D．4

28．在何种输入情况下，“或非”运算的结果是逻辑0。（　　）
A．全部输入是0
B．全部输入是1
C．任一输入为0，其他输入为1
D．任一输入为1

29．某班级有 15 名学生，现采用二进制编码器对每名学生进行编码，则编码器输出二

进制代码的位数至少是（　　）。

A. 1位　　B. 2位　　C. 3位　　D. 4位

二、判断题

1. 十进制数74转换为8421BCD码应当是$(01110100)_{8421BCD}$。（　）
2. 二进制只可以用来表示数字，不可以用来表示文字和符号等。（　）
3. 十进制转换为二进制的时候，整数部分和小数部分都要采用除2取余法。（　）
4. 当决定一件事情的所有条件全部具备时，这件事情才发生，这样的逻辑关系称为非。（　）
5. 在全部输入是"0"的情况下，函数$Y=\overline{A+B}$运算的结果是逻辑"1"。（　）
6. 在变量A、B取值相异时，其逻辑函数值为1，相同时为0，称为异或运算。（　）
7. 与门、或门和非门都具有多个输入端和一个输出端。（　）
8. 数字电路中的逻辑变量的取值"1"要比"0"大。（　）
9. 数字电路中"0"和"1"不表示数值大小，而表示相反的两种状态。（　）
10. 在时间和幅度上都断续变化的信号是数字信号，语音信号不是数字信号。（　）
11. 数字电路中的二极管、三极管等半导体器件处于开关状态。（　）
12. 数字信号比模拟信号抗干扰能力强、保密性好。（　）
13. 编码器输入的是具有特定含义的二进制代码，输出的是信号。（　）
14. 优先编码器的编码信号是相互排斥的，不允许多个编码信号同时有效。（　）
15. 编码器分为一般编码器和优先编码器，优先编码器允许多个输入信号同时有效。（　）
16. 二进制编码器有3个输入端，可以对9个对象进行编码。（　）
17. 显示译码器只有一种，是发光二极管（LED）显示器。（　）
18. 表示一位十进制数至少需要二位二进制数。（　）
19. 二-十进制编码器是指将二-十进制代码翻译成0～9十个十进制数信号的电路。（　）
20. 共阴极接法的LED显示器需选用有效输出为高电平的七段显示译码器来驱动。（　）
21. 译码器的功能是将二进制还原成给定的信号符号。（　）
22. 3-8线译码器电路是三-八进制译码器。（　）
23. 由三个开关并联起来控制一只电灯时，电灯的亮与不亮同三个开关的闭合或断开之间的对应关系属于与的逻辑关系。（　）
24. 只有各方面都好的学生才能评为三好学生，是与逻辑关系。（　）
25. 只要带身份证或学生证中的一个就可以参加考试，是或逻辑关系。（　）
26. 在非门电路中，输入为高电平时，输出则为低电平。（　）
27. "有0出0，全1出1"属于与逻辑。（　）
28. 或门的逻辑功能：有高为高，全低为低。（　）
29. 在与门电路后面加上非门，就构成了与非门电路。（　）

30．与非门可以实现非门的功能。（ ）

三、填空题

1．数字信号的特点是在________和________上都是________变化的。

2．数字电路中的逻辑状态是由高、低电平来表示的。正逻辑规定用高电平表示逻辑________，用低电平来表示逻辑________。

3．在数字电路中，常用的数制有________。任意进制数转换为十进制数时，均采用______的方法；将十进制整数转换成二进制时采用________法。

4．二进制共________个计数符号，分别为________和________。

5．$(1011101)_2=(\quad)_{10}=(\quad)_{8421BCD}$。

6．编码器的功能就是把输入的编码对象变成对应的________。在数字电路中，用二进制进行编码，可以用 n 位二进制数对________个信号进行编码。

7．要求设计一个有 6 种不同输入状态的二进制编码器，最好将其编码为________位二进制码输出。

8．编码器按是否有优先级可以分为______和______编码器，______允许多个输入信号同时有效。

9．为使 $F=A$，则 B 应为何值（高电平或低电平）？

B：________ B：________

A & B → F   A ≥1 B → F

10．为使 $F=\overline{B}$，则 A 应为何值（高电平或低电平）？

A：________ A：________

A ≥1 B → F   A & B → F

11．已知输入信号 A、B 和输出信号 Y 的波形如下图所示，该逻辑门电路是______。

A B Y

12．已知 A、B 的波形如下图所示，$Y_1=\overline{AB}$，试画出 Y_1 对应 A、B 的波形。

A B

13．假设 A、B 的波形如下图所示，试分别写出 Y_1、Y_2 的逻辑表达式，并画出输出波形。

A ≥1 B → Y_1 A & B → Y_2 B A

第二节 逻辑函数

【知识要点】

逻辑代数是用于逻辑分析的数学工具，是分析和设计逻辑电路的数学基础。逻辑代数中的逻辑变量只有 0 和 1 两种取值，这里的 0 和 1 表示两种对立的状态，并不表示数量的大小.

一、逻辑函数的表示方法

逻辑函数可用逻辑表达式、真值表、逻辑图、波形图和卡诺图等方式表示，常用的有逻辑表达式、真值表、逻辑图。

1. 逻辑表达式

逻辑表达式是用与、或、非等基本逻辑运算符号来表示逻辑函数中各个变量之间逻辑关系的代数式。同一逻辑函数可以有多种逻辑表达式，在逻辑表达式的运算中，要注意以下两点。

（1）运算顺序是先算括号内的式子，再算与，最后算或。

（2）对一组变量进行非运算时，可以不用括号。

2. 真值表

真值表以列表的方式反映了逻辑函数各变量取值组合与函数值之间的关系。对于一个确定的逻辑函数来说，它的真值表只有一个。

3. 逻辑图

逻辑图将逻辑函数中各变量之间的与、或、非等逻辑关系用图形符号表示出来。

二、逻辑函数不同表示法之间的互换

1. 逻辑表达式和真值表的转换

1）由逻辑表达式求真值表

将输入变量可能出现的各种取值组合，分别代入逻辑表达式，求出对应的函数值，再列表即可。

2）由真值表求逻辑表达式

首先将真值表中函数值等于 1 的变量组合取出来，然后将每一个组合中变量值为 1 的写成原变量，为 0 的写成反变量，并把它们连乘起来构成乘积项。这样，对于每一个函数值等于 1 的变量取值组合都可以写出一个乘积项，最后把各个乘积项对应的组合相加，就可以得到相应的逻辑表达式。

2．逻辑表达式和逻辑图的转换

1）根据逻辑表达式画出逻辑图

逻辑表达式是由与、或、非三种运算组合而成的，只要用这三种逻辑符号来表示这三种运算，就可以得到相应的逻辑图。

2）由逻辑图写出逻辑表达式

根据已知的逻辑图，由变量端开始逐级写出逻辑表达式。

三、逻辑函数化简

逻辑函数化简意味着实现这个逻辑函数的电路元件少，从而可降低成本，提高电路的可靠性。逻辑表达式的表达形式大致可分为五种："与或"式、"与非-与非"式、"与或非"式、"或与"式、"或非-或非"式。它们之间可以相互转换。

逻辑函数的化简，通常指的是化简为最简与或表达式，即式中含有的乘积项最少，并且每一个乘积项包含的变量也是最少的，通常的化简方法有公式法化简和卡诺图化简两种。

1．基本公式

逻辑代数的基本公式如表 4-2-1 所示。

表 4-2-1　逻辑代数的基本公式

公式名称	与运算公式	或运算公式
01 律	$A \cdot 1=A$	$A+1=1$
	$A \cdot 0=0$	$A+0=A$
交换律	$A \cdot B=B \cdot A$	$A+B=B+A$
结合律	$A \cdot (B \cdot C)=(A \cdot B) \cdot C$	$A+(B+C)=(A+B)+C$
分配律	$A \cdot (B+C)=A \cdot B+A \cdot C$	$A+(B \cdot C)=(A+B)(A+C)$
互补律	$A \cdot \overline{A}=0$	$A+\overline{A}=1$
同一律	$A \cdot A=A$	$A+A=A$
摩根定律	$\overline{A \cdot B}=\overline{A}+\overline{B}$	$\overline{A+B}=\overline{A} \cdot \overline{B}$
还原律	$\overline{\overline{A}}=A$	

2．常用公式

逻辑代数的常用公式如表 4-2-2 所示。

表 4-2-2　逻辑代数的常用公式

公式	说明
$AB+A\overline{B}=A$	消去互为反变量的因子
$A+AB=A$	消去多余项
$A+\overline{A}B=A+B$	消去含有另一项的反变量的因子
$AB+\overline{A}C+BC=AB+\overline{A}C$	消去冗余项

3．公式法化简的方法

1）提公因子后用 $A+\overline{A}=1$ 或 $1+A=1$ 化简

例：$Y=ABC+A\overline{BC}$

解：$Y=ABC+A\overline{BC}$

$=A(BC+\overline{BC})$

$=A$

例：$Y=\overline{A}B+\overline{A}B\overline{C}$

解：$Y=\overline{A}B+\overline{A}B\overline{C}$

$=\overline{A}B(1+\overline{C})$

$=\overline{A}B$

例：$Y=\overline{A}B+A\overline{B}+AB$

解：$Y=\overline{A}B+A\overline{B}+AB$

$=B(\overline{A}+A)+A(\overline{B}+B)$

$=A+B$

（注：式中 AB 一项可被多次利用，因 $AB+AB=AB$）

2）利用消去式 $A+\overline{A}B=A+B$ 化简

例：$Y=\overline{A}B+\overline{A}\,\overline{B}C$

解：$Y=\overline{A}B+\overline{A}\,\overline{B}C$

$=\overline{A}$（$B+\overline{B}C$）

$=\overline{A}$（$B+C$）

$=\overline{A}B+\overline{A}C$

3）利用摩根定律化简

例：$Y=B+\overline{\overline{B}+\overline{CD}}$

解：$Y=B+\overline{\overline{B}+\overline{CD}}$

$=B+\overline{\overline{B}}\cdot\overline{\overline{CD}}$

$=B+BCD$

$=B$（$1+CD$）

$=B$

4）利用 $A+\overline{A}=1$，配项化简

利用公式 $AB+\overline{A}C+BC=AB+\overline{A}C$ 将三项合并为二项。该方法是观察逻辑表达式中是否存在具有如下特点的三项：其中两项包含相反的同一部分，而第三项由前两项的不同部分组成，这样第三项被消去。

利用公式法化简逻辑函数，是以上方法的综合运用。要求学生熟记并灵活运用逻辑代数的基本定律和公式，并注意总结经验和技巧。

【典例解析】

例 1：（2015 年高考真题）下列逻辑运算正确的是（　　）。

A．$A+A=2A$　　　　B．$1+A=1$

C. $A \cdot A=A^2$　　　　D. $1 \cdot A=1$

分析：根据逻辑运算规律：

$A+A=A$，$A \cdot A=A$，$A \cdot 1=A$，$A+1=1$。所以正确答案为B。

例2：实现同一逻辑功能的电路是唯一的。（　　）。

分析：逻辑函数的表达式并不是唯一的，因此实现其逻辑功能的电路也不是唯一的。

例3：画出 $Y=AB\cdot(A+B)$的组合逻辑电路图。

分析：本题中需要用到一个与门实现 AB，一个或门实现 $A+B$，再用一个与门实现前两个门的结果相与。

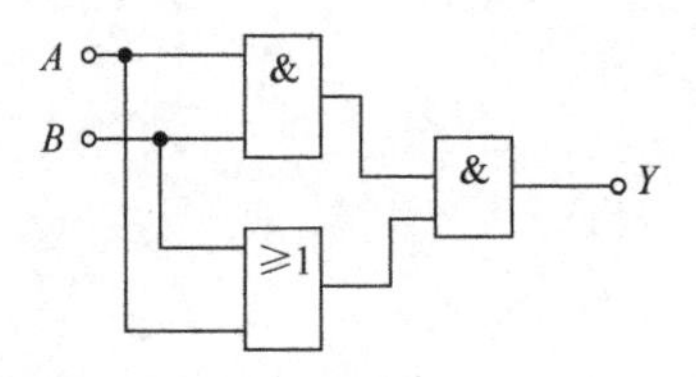

例4：（2020年高考真题）逻辑表达式 $Y=AAA$，化简后 $Y=A$。

分析：根据逻辑代数基本公式 $AA=A$，可知，$Y=AAA=A$。

例5：（2020年高考真题）下图所示逻辑电路。

（1）分别写出 Y_1、Y_2、Y_3、Y_4的逻辑表达式；

（2）将 Y_4表达式化为最简“与或”式。

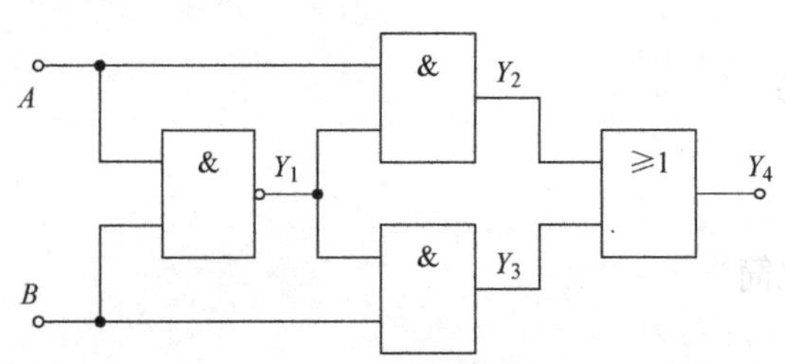

分析：题中给出了逻辑图，需要将逻辑图转换成逻辑表达式，然后再用公式法化简。将逻辑图转换成表达式的方法是按从左到右，由上到下的顺序逐次写出各逻辑门的表达式，如图中 $Y_1=\overline{AB}$，$Y_2=A\cdot Y_1$，$Y_3=B\cdot Y_1$，$Y_4=Y_2+Y_3$

再依次代入，可得出：$Y_2=A\cdot Y_1=A\cdot\overline{AB}$

$$Y_3=B\cdot Y_1=B\cdot\overline{AB}$$

$$Y_4=Y_2+Y_3=A\cdot\overline{AB}+B\cdot\overline{AB}=\overline{AB}(A+B)$$

【同步精练】

一、单项选择题

1. 逻辑表达式 $\overline{ABC}$=（　　）。

A. $A+B+C$　　　　B. $\overline{A}+\overline{B}+\overline{C}$

C. $\overline{A+B+C}$　　　　D. $\overline{A}\cdot\overline{B}\cdot\overline{C}$

2．逻辑表达式 $A+BC=$（　　）。

A．AB　　B．$A+C$

C．$(A+B)(A+C)$　　D．$B+C$

3．在下图所示逻辑电路中，其逻辑表达式 $Y=$（　　）。

A．AB　　B．$A\oplus B$　　C．$A\odot B$

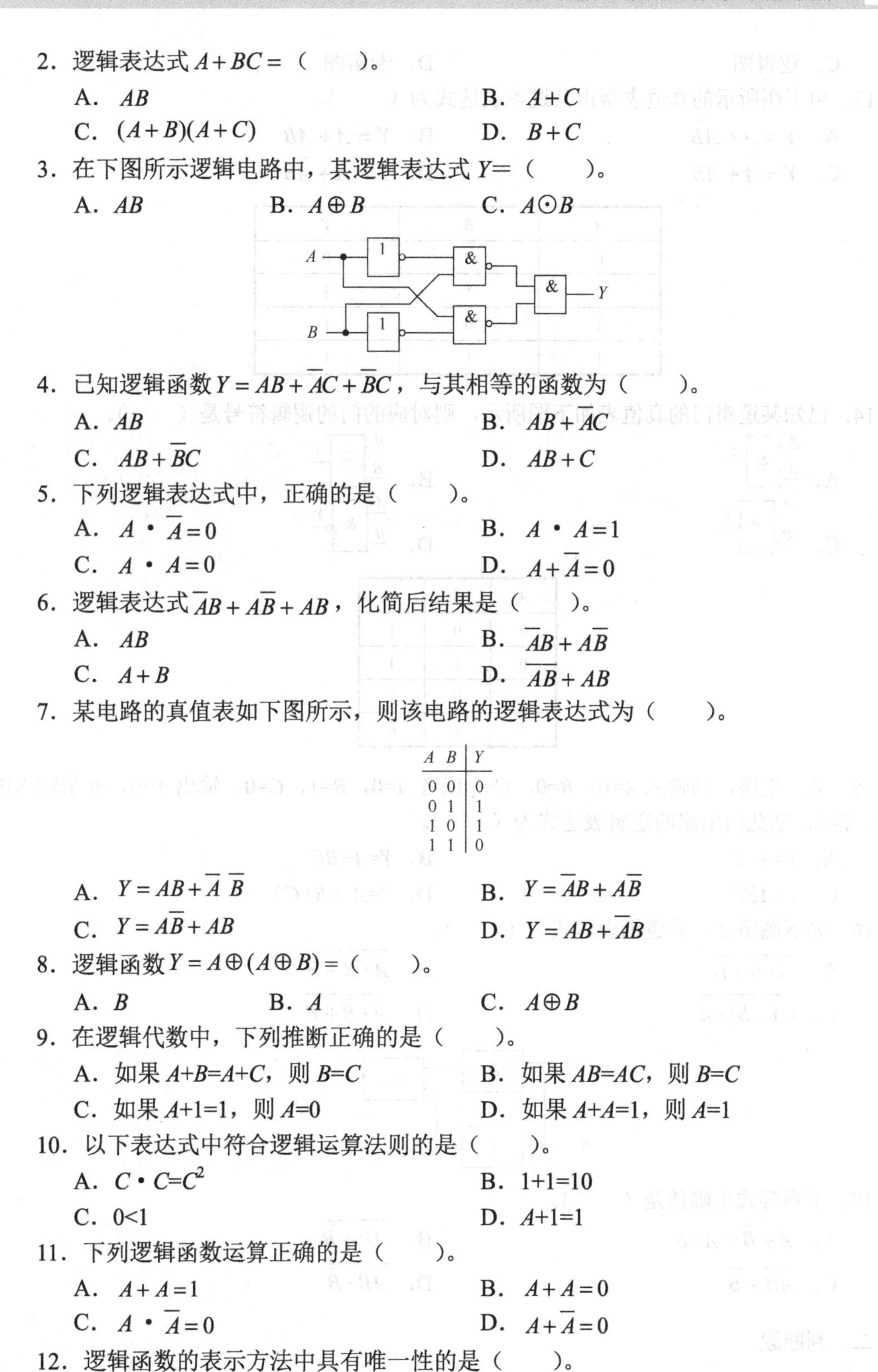

4．已知逻辑函数 $Y=AB+\overline{A}C+\overline{B}C$，与其相等的函数为（　　）。

A．AB　　B．$AB+\overline{A}C$

C．$AB+\overline{B}C$　　D．$AB+C$

5．下列逻辑表达式中，正确的是（　　）。

A．$A\cdot\overline{A}=0$　　B．$A\cdot A=1$

C．$A\cdot A=0$　　D．$A+\overline{A}=0$

6．逻辑表达式 $\overline{A}B+A\overline{B}+AB$，化简后结果是（　　）。

A．AB　　B．$\overline{A}B+A\overline{B}$

C．$A+B$　　D．$\overline{AB}+AB$

7．某电路的真值表如下图所示，则该电路的逻辑表达式为（　　）。

A	B	Y
0	0	0
0	1	1
1	0	1
1	1	0

A．$Y=AB+\overline{A}\ \overline{B}$　　B．$Y=\overline{A}B+A\overline{B}$

C．$Y=A\overline{B}+AB$　　D．$Y=AB+\overline{A}B$

8．逻辑函数 $Y=A\oplus(A\oplus B)=$（　　）。

A．B　　B．A　　C．$A\oplus B$

9．在逻辑代数中，下列推断正确的是（　　）。

A．如果 $A+B=A+C$，则 $B=C$　　B．如果 $AB=AC$，则 $B=C$

C．如果 $A+1=1$，则 $A=0$　　D．如果 $A+A=1$，则 $A=1$

10．以下表达式中符合逻辑运算法则的是（　　）。

A．$C\cdot C=C^2$　　B．1+1=10

C．0<1　　D．$A+1=1$

11．下列逻辑函数运算正确的是（　　）。

A．$A+A=1$　　B．$A+A=0$

C．$A\cdot\overline{A}=0$　　D．$A+\overline{A}=0$

12．逻辑函数的表示方法中具有唯一性的是（　　）。

A．真值表　　B．表达式

C．逻辑图　　　　D．卡诺图

13．由下图所示的真值表得出其逻辑表达式为（　　）。

A．$Y=A+A\overline{B}$　　　　B．$Y=A+AB$

C．$Y=\overline{A}+AB$　　　　D．$Y=A+\overline{A}B$

A	B	Y
0	0	0
0	1	1
1	0	1
1	1	1

14．已知某逻辑门的真值表如下图所示，则对应的门的逻辑符号是（　　）。

A．&　　　　B．≥

C．≥　　　　D．&

A	B	Y
0	0	1
0	1	1
1	0	1
1	1	0

15．某一电路，当输入 A=0，B=0，C=0 或者 A=0，B=1，C=0，输出 Y=0，其余输入组合时，Y=1，则此门电路的逻辑表达式为（　　）。

A．$Y=A+C$　　　　B．$Y=A+BC$

C．$Y=ABC$　　　　D．$Y=A(B+C)$

16．如下图所示，其逻辑表达式为（　　）。

A．$\overline{A\cdot B}+\overline{B}$　　　　B．$\overline{A\cdot B+\overline{\overline{B}}}$

C．$\overline{(A+B)\cdot\overline{B}}$　　　　D．$\overline{A\cdot\overline{B}+B}$

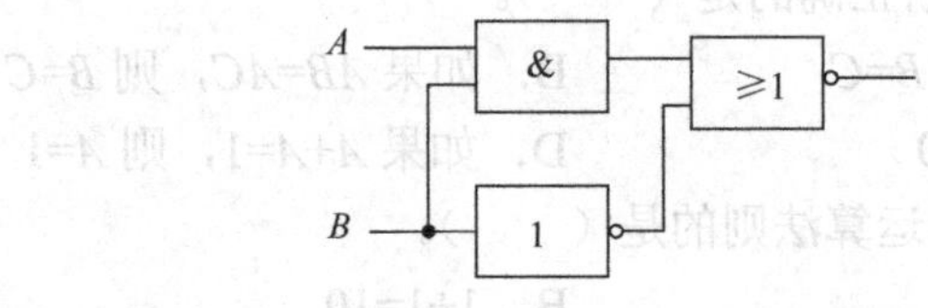

17．下列等式正确的是（　　）。

A．$\overline{\overline{A}+\overline{B}}=A\cdot B$　　　　B．$\overline{AB+\overline{B}}$

C．$\overline{AB}+\overline{B}$　　　　D．$\overline{AB\cdot\overline{B}}$

二、判断题

1．因为逻辑表达式 $A+B+AB=A+B$ 成立，所以 AB=0 成立。（　　）

2．若两个函数相等，则它们的真值表一定相同；反之，若两个函数的真值表完全相同，则这两个函数未必相等。（　　）

3．证明两个函数是否相等，只要比较它们的真值表是否相同即可。（　　）

4．数字电路中用 0 和 1 分别表示两种状态，二者无大小之分。（　　）

5．若两个函数具有相同的真值表，则这两个逻辑函数必然相等。（　　）

6．逻辑函数的表达式和真值表及逻辑图之间可以相互转换。（　　）

7．任何逻辑函数式的最简式都是唯一的。（　　）

8．$A+A=1$，$A\cdot A=1$。（　　）

9．逻辑表达式 $Y=A+AB$ 化简后为 A，利用的化简方法为吸收法。（　　）

10．由逻辑函数可以列出真值表，由真值表也可以写出逻辑函数。（　　）

三、填空题

1．逻辑函数化简的方法主要有________化简法和__________化简法。

2．逻辑函数常用的表示方法有________、________和________。

3．任何一个逻辑函数的_________是唯一的，但是它的________可有不同的形式，逻辑函数的各种表示方法在本质上是________的，可以互换。

4．逻辑函数 $Y=\overline{ABCD}+A+B+C+D=$_________。

5．化简 $AB+\overline{AB}=$________，$\overline{\overline{A}\cdot\overline{B}}=$__________。

6．逻辑函数 $F=\overline{A\overline{B}+\overline{A}B+\overline{A}\cdot\overline{B}+AB}=$_________。

7．以下逻辑图所表示的逻辑函数为 $Y=$__________。

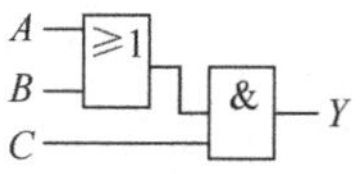

A B C ≥1 & Y

8．已知输入信号 A、B 和输出信号 Y 的波形如下图所示，该逻辑门电路是________。

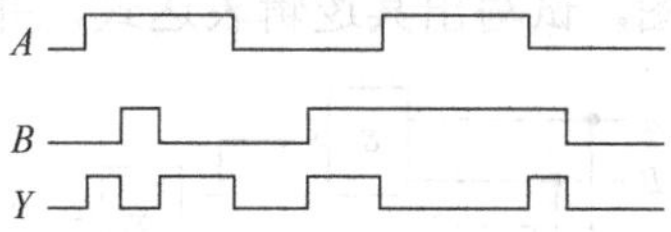

A B Y

四、综合题

1．根据真值表写出逻辑表达式，化简后画出逻辑图。

A	B	C	Y
0	0	0	0
0	0	1	0
0	1	0	0
0	1	1	0
1	0	0	1
1	0	1	0
1	1	0	1
1	1	1	1

2．已知某组合电路的输入信号 A、B、C 和输出信号 Y 的波形如下图所示，试写出 Y 的最简与或表达式。

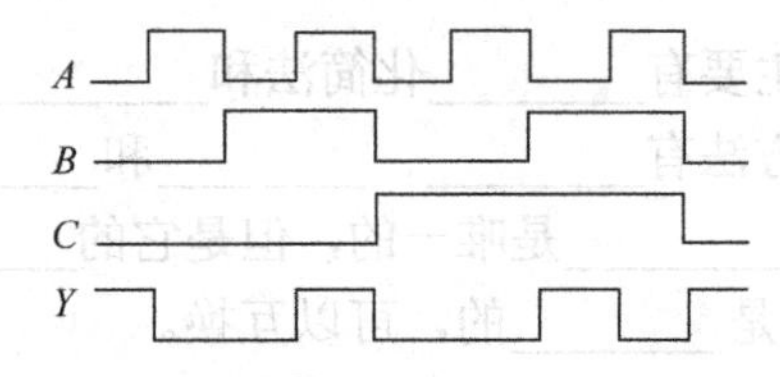

3．已知如下图所示的逻辑图，试写出其逻辑表达式，并用最少的门电路来表示。

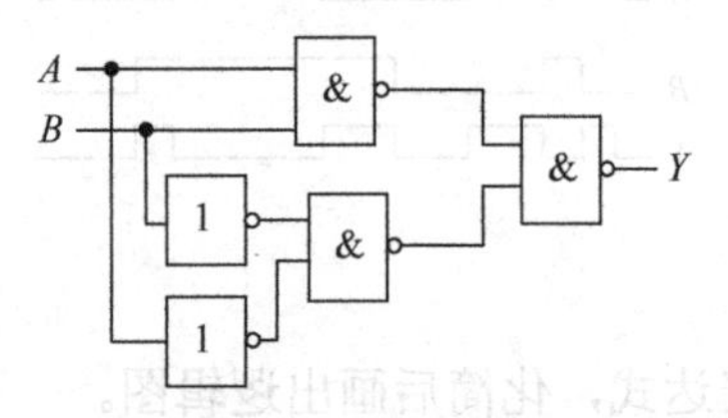

4．化简下列逻辑函数。

（1）$Y=AB(BC+A)$

（2）$Y=AB+A\bar{B}+\bar{A}\bar{B}+\bar{A}B$

（3）$Y=A\left(\bar{A}+B\right)+B\left(B+C\right)+B$

（4）$Y=\bar{A}+\bar{B}+ABC$

（5）$Y=(\bar{A}+\bar{B}+\bar{C})(B+\bar{B}+C)(\bar{B}+C+\bar{C})$

（6）$Y=\overline{\overline{\bar{A}\cdot\bar{B}+\bar{A}BC}+A(B+A\bar{B})}$

第三节　组合逻辑电路

【知识要点】

一、组合逻辑电路分析

组合逻辑电路中任一时刻的输出状态只决定于该时刻输入信号的状态，而与电路的原状态无关，即电路不存在记忆和存储功能。电路分析就是根据给定电路，找出输入与输出之间的关系，即得到电路的逻辑功能。组合逻辑电路的分析可以分为以下几个步骤，如图 4-3-1 所示。

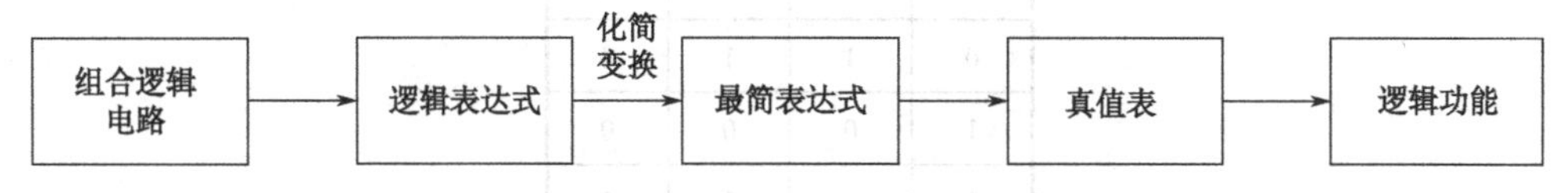

图 4-3-1　组合逻辑电路的分析步骤

（1）根据逻辑图写出各输出端的逻辑表达式。

（2）化简和变换逻辑表达式。

（3）列出真值表。

（4）根据真值表和逻辑表达式对逻辑电路进行分析，最后确定其功能。

二、组合逻辑电路设计

组合逻辑电路设计是指根据给定的实际问题，求出能够实现这一逻辑功能的实际电路，它是组合逻辑电路分析的逆过程，具体的设计步骤如图 4-3-2 所示。

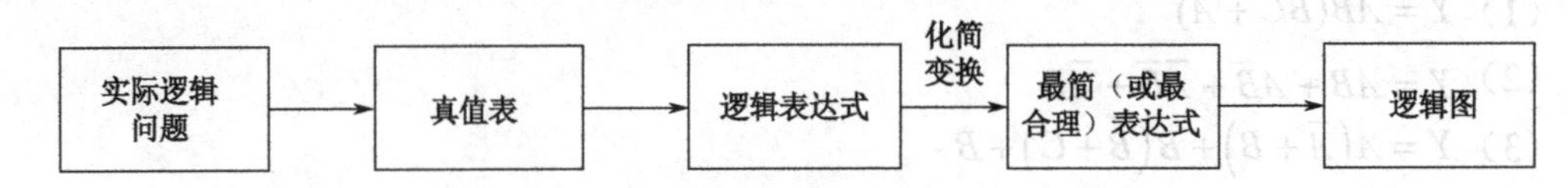

图 4-3-2　组合逻辑电路的设计步骤

（1）根据对电路逻辑功能的要求，列出真值表。

（2）根据真值表写出逻辑表达式。

（3）化简和变换逻辑表达式。

（4）根据逻辑表达式画出逻辑图。

【典例解析】

例 1：（2014 年高考真题）组合逻辑电路具有记忆功能。（　　）

分析：组合逻辑电路中任一时刻的输出状态只决定于该时刻输入信号的状态，而与电路的原状态无关，即电路不存在记忆和存储功能。

答案：错误

例 2：（2014 年高考真题）某比赛设一名主裁判 A 和两名副裁判 B、C。只有当多数裁判同意，且其中必须有主裁判 A 同意时，表决才认可。试设计这个多数通过表决器的逻辑电路。

答案：设 A 为主裁判，B、C 为副裁判，当值为“1”时表示裁判按下按钮，当值为“0”时表示裁判没有按下按钮，设 Y 为指示灯，“1”表示灯亮成功，“0”表示灯灭失败。

（1）根据电路所需求的功能，列出相应的真值表。

输入		输出	
A	B	C	Y
0	0	0	0
0	0	1	0
0	1	0	0
0	1	1	0
1	0	0	0
1	0	1	1
1	1	0	1
1	1	1	1

（2）根据真值表写出逻辑表达式并化简。

$$
\begin{aligned}
Y &= A\overline{B}C + AB\overline{C} + ABC \\
&= A\overline{B}C + AB\left(\overline{C} + C\right) \\
&= A\overline{B}C + AB \\
&= A\left(\overline{B}C + B\right) \\
&= A\left(B + C\right) \\
&= AB + AC \\
&= \overline{\overline{AB} \cdot \overline{AC}}
\end{aligned}
$$

（3）根据化简得到的最简逻辑表达式，画出逻辑图。

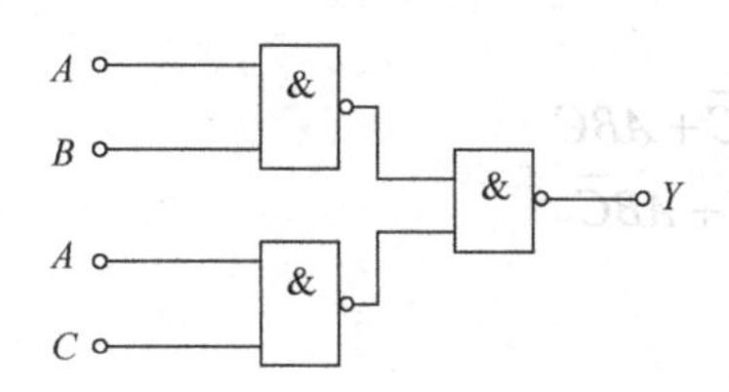

例3：（2018年高考真题）某中职学校的电子技能课程采用项目化考核，共有三个考核项目A、B、C，课程考核结果用Y来表示，规定如下：三个考核项目中有两个或者两个以上考核合格，认定该课程合格，否则该课程不合格。设考核项目合格为1，否则为0，课程考核合格为1，否则为0，请根据上述内容完成：

（1）真值表

A	B	C	Y
0	0	0	
0	0	1	
0	1	0	
0	1	1	
1	0	0	
1	0	1	
1	1	0	
1	1	1	

（2）根据真值表写出逻辑表达式，并化简成最简与或式。

分析：本题属于组合逻辑电路设计，根据功能描述列出真值表，再将真值表转化成逻辑表达式并化简的思路完成即可。

答案：（1）真值表

A	B	C	Y
0	0	0	0
0	0	1	0
0	1	0	0
0	1	1	1
1	0	0	0
1	0	1	1
1	1	0	1
1	1	1	1

（2）$Y=\overline{A}BC+A\overline{B}C+AB\overline{C}+ABC$

$$=\left(\overline{A}+A\right)BC+A\overline{B}C+AB\overline{C}$$

$$=BC+A\overline{B}C+AB\overline{C}$$

$$=\left(B+\overline{B}A\right)C+AB\overline{C}$$

$$=BC+AC+AB\overline{C}$$

$$=B\left(C+A\overline{C}\right)+AC$$

$$=BC+AB+AC$$

【同步精练】

一、选择题

1．组合逻辑电路的输出状态取决于（　　）。

A．输入信号的现态　　B．输出信号的现态

C．输出信号的次态　　D．输入信号的现态和输出信号的现态

2．组合逻辑电路是由（　　）构成的。

A．门电路　　B．触发器

C．门电路和触发器　　D．计数器

3．组合逻辑电路（　　）。

A．具有记忆功能　　B．没有记忆功能

C．有时有记忆功能，有时没有　　D．以上选项都不对

4．在下列电路中，属于组合逻辑电路的有（　　）。

A．编码器　　B．触发器

C．寄存器　　D．计数器

二、判断题

1．组合逻辑电路的设计是指根据给出的逻辑图分析出其逻辑功能。　（　　）

2．在任何时刻，输出状态只取决于该时刻输入信号的状态，而与该时刻之前的电路状

态无关的逻辑电路，称为组合逻辑电路。（　　）

3．组合逻辑电路中的每一个门实际上都是一个存储单元。（　　）

三、综合题

1．分析下图所示逻辑电路的功能。

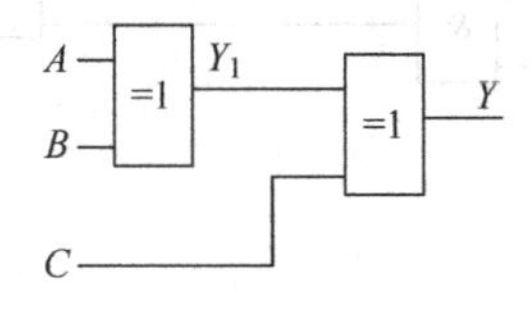

2．逻辑电路如下图所示，写出逻辑表达式并化简，列出真值表，说明逻辑功能。

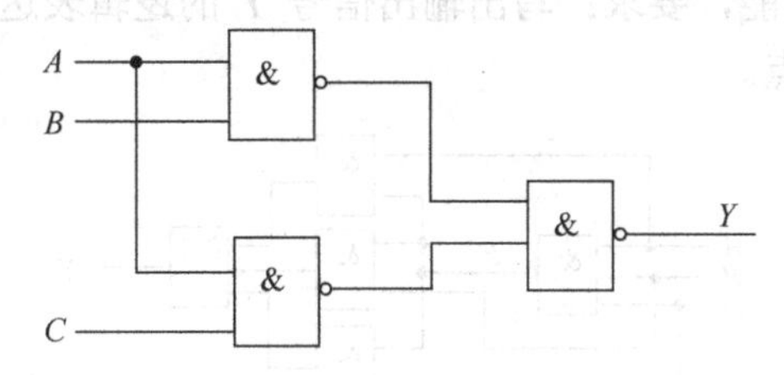

3．逻辑电路如下图所示，试分析其逻辑功能，要求写出分析过程。

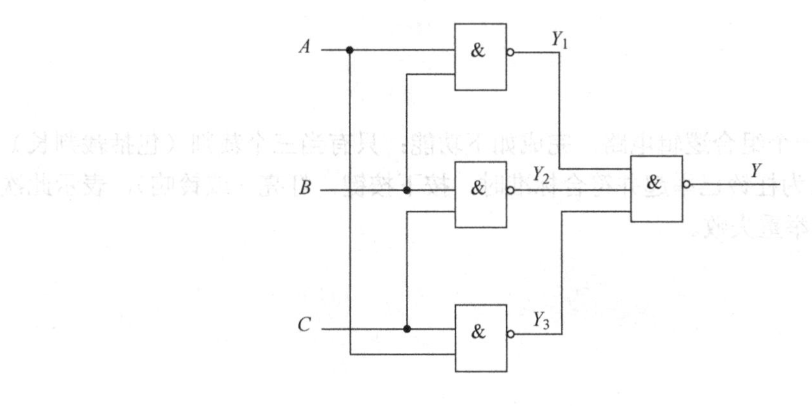

4．根据下图所示电路，写出逻辑表达式，列出真值表，并说明逻辑功能。

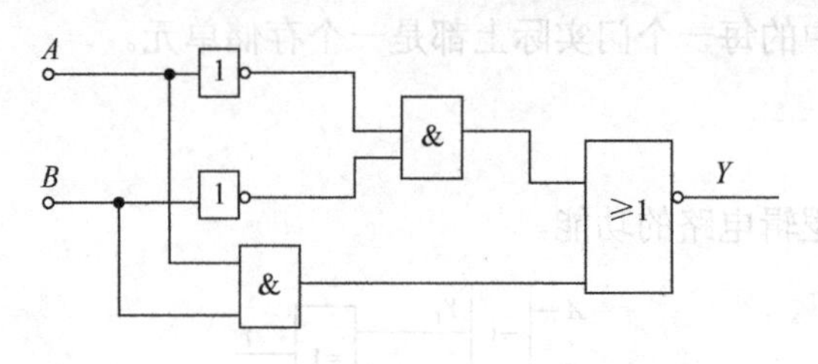

5．分析下图的逻辑功能，要求：写出输出信号 Y 的逻辑表达式，化简，列出真值表，并说明电路逻辑功能的特点。

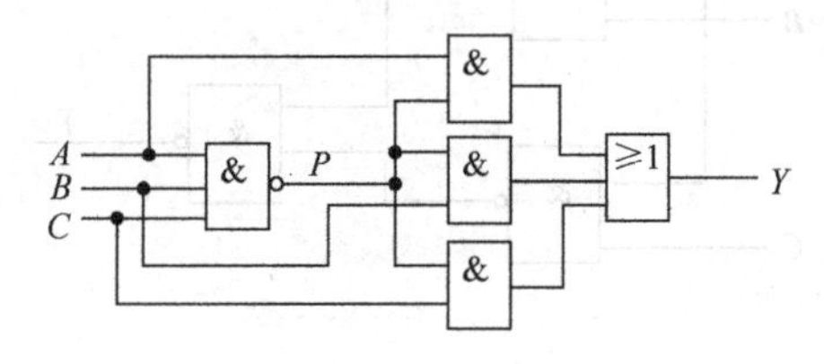

6．用与非门设计一个组合逻辑电路，完成如下功能：只有当三个裁判（包括裁判长）或裁判长和一个裁判认为杠铃已举起并符合标准时，按下按键，灯亮（或铃响），表示此次举重成功，否则，表示举重失败。

7．设计一个由三个输入端、一个输出端组成的判奇电路，其逻辑功能为：当奇数个输入信号为高电平时，输出为高电平，否则为低电平。要求列出真值表和画出逻辑图。

8．在一旅游胜地，有两辆缆车可供游客上下山，请设计一个控制缆车正常运行的逻辑电路。要求：缆车 A 和 B 在同一时刻只能允许一上一下地行驶，并且必须同时把缆车的门关好（C）后才能行驶。设输入信号为 A、B、C，输出信号为 Y。设缆车上行为“1”，门关上为“1”，允许行驶为“1”。

（1）列出真值表；

（2）写出逻辑表达式；

（3）用基本门画出实现上述逻辑功能的逻辑图。

9．某同学参加课程考试，规定如下：文化课程（A）及格得 2 分，不及格得 0 分；专业理论课程（B）及格得 3 分，不及格得 0 分；专业技能课程（C）及格得 5 分，不及格得 0 分。若总分大于 6 分，则可顺利过关（Y）。试根据上述内容完成：

（1）提出逻辑假设；

（2）列出真值表；

（3）写出逻辑表达式并化简；

（4）画出完成上述功能的逻辑图。

10．某中等职业学校规定机电专业的学生，至少取得钳工（A）、车工（B）、电工（C）中级技能证书的任意两种，才允许毕业（Y）。试根据上述要求：

（1）列出真值表；

（2）写出逻辑表达式，并化成最简的与非-与非形式；

（3）用与非门画出完成上述功能的逻辑图。

11．设计一个3人表决器电路。要求：由A、B、C 3人表决，如果有2个人或2个人以上同意算通过，否则不通过。请用与非门设计表决器的组合逻辑电路。

12．下图所示组合逻辑电路，请完成以下要求：

（1）根据逻辑图写出逻辑表达式，并化简为最简与或式；

（2）根据逻辑表达式列出真值表；

（3）根据真值表分析出该电路的逻辑功能。

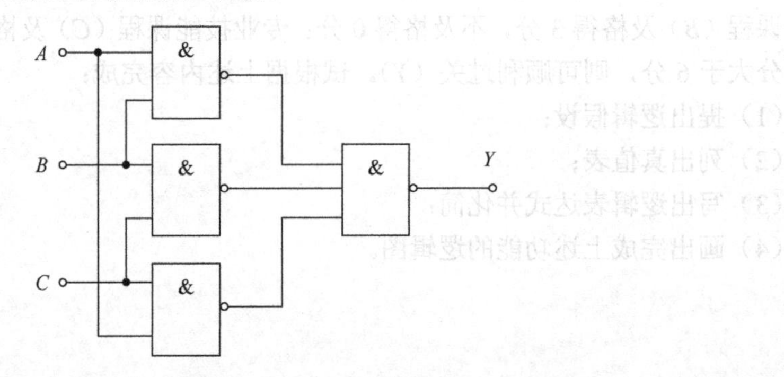

第四节　时序逻辑电路

【知识要点】

一、触发器

触发器是能储存1位二进制信息的逻辑电路，是构成时序逻辑电路的基本单元。它具有“0”态和“1”态两个稳定的状态，在输入信号作用下，可以被置成“0”态或“1”态，当输入信号撤销后，所置状态能够保持不变，即具有记忆功能。

1. 基本RS触发器

基本RS触发器的逻辑电路和逻辑符号如图4-4-1所示，$\overline{R}$、$\overline{S}$是两个输入端，字母上面的非号表示低电平有效。Q、$\overline{Q}$是一对互补输出端，若Q=1（$\overline{Q}$=0），则触发器处于1状态；反之，若Q=0（$\overline{Q}$=1），则触发器处于0状态。基本RS触发器具有置0、置1、保持的逻辑功能，如表4-4-1所示。

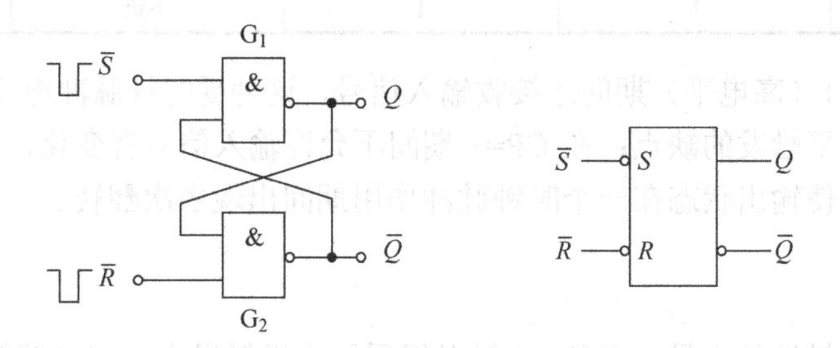

（a）逻辑电路　　（b）逻辑符号

图4-4-1　基本RS触发器的逻辑电路和逻辑符号

表4-4-1　基本RS触发器的真值表

输入信号		输出状态	功能说明	备注
$\overline{S}$	$\overline{R}$	Q^{n+1}		
0	0	不定	禁止	$Q=\overline{Q}=1$，与规定相背，会引起逻辑混乱
0	1	1	置1	$\overline{R}$端称为触发器的置0端或复位端
1	0	0	置0	$\overline{S}$端称为触发器的置1端或置位端
1	1	Q^n	保持	体现记忆功能

2. 同步RS触发器

同步RS触发器的逻辑电路和逻辑符号如图4-4-2所示，同步RS触发器在基本RS触发器的基础上，增加了两个与非门G_3、G_4，一个时钟脉冲端CP。同步RS触发器具有置0、置1、保持的逻辑功能，如表4-4-2所示。

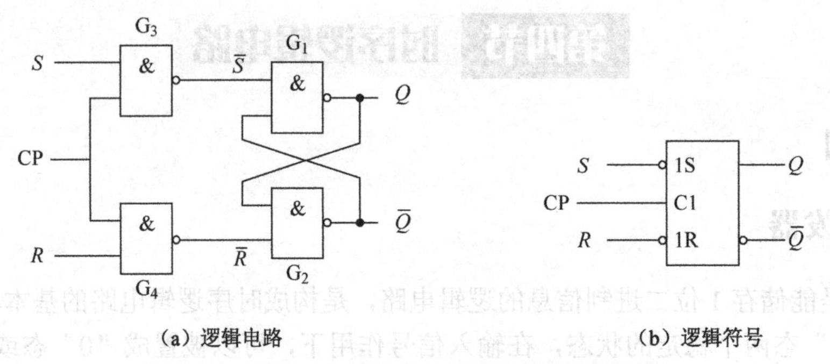

（a）逻辑电路　（b）逻辑符号

图 4-4-2　同步 RS 触发器的逻辑电路和逻辑符号

表 4-4-2　同步 RS 触发器的真值表

CP	S	R	Q^{n+1}	功能说明
0	×	×	Q^n	保持
1	0	0	Q^n	保持
1	0	1	0	置 0
1	1	0	1	置 1
1	1	1	不定	禁止

触发器在 CP=1（高电平）期间才接收输入信号，这种受时钟脉冲电平控制的触发方式，称为电平触发。电平触发的缺点：在 CP=1 期间不允许输入信号有变化，否则触发器输出状态也将随之变化，使输出状态在一个时钟脉冲作用期间出现多次翻转。

3. JK 触发器

为了克服电平触发的不足，多数 JK 触发器采用边沿触发方式来克服触发器的“空翻”，使触发器在 CP 脉冲的上升沿（或下降沿）的瞬间，根据输入信号的状态产生新的输出状态。

JK 触发器的逻辑电路和逻辑符号如图 4-4-3 所示。JK 触发器在同步 RS 触发器的基础上引入两条反馈线，可解决 R=S=1 时，触发器输出不定状态的问题。JK 触发器将 S、R 改成 J、K 输入端。JK 触发器具有保持、置 0、置 1 和翻转的功能，如表 4-4-3 所示。

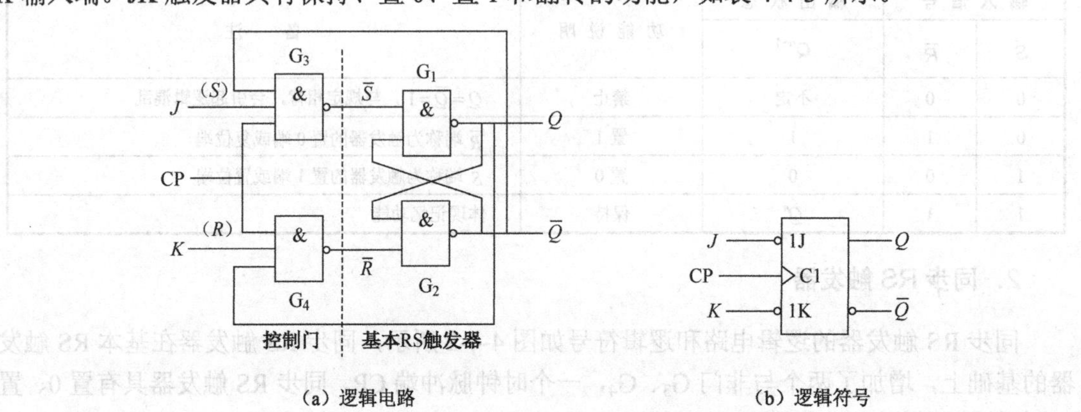

（a）逻辑电路　（b）逻辑符号

图 4-4-3　JK 触发器的逻辑电路和逻辑符号

表 4-4-3 JK 触发器的真值表

CP	J	K	Q^{n+1}	功能说明
0	×	×	Q^n	保持
1	0	0	Q^n	保持
1	0	1	0	置 0
1	1	0	1	置 1
1	1	1	$\overline{Q^n}$	翻转

触发器状态翻转只发生在 CP 边沿的瞬间，在 CP 其他时间，输入信号的任何变化不会影响触发器的状态，消除了因电平触发带来的触发器“空翻”现象，提高了触发器的工作可靠性和抗干扰能力。同时，由于边沿触发的时间极短，有利于提高触发器的工作速度。

4. D 触发器

D 触发器的逻辑电路和逻辑符号如图 4-4-4 所示。D 触发器在同步 RS 触发器的基础上，把与非门 G_3 的 $\overline{S}$ 输出端接到与非门 G_4 的 R 输入端，使 $R=\overline{S}$，从而避免了 $\overline{S}=\overline{R}=0$ 的情况，并将 S 改为 D 输入，即 D 触发。

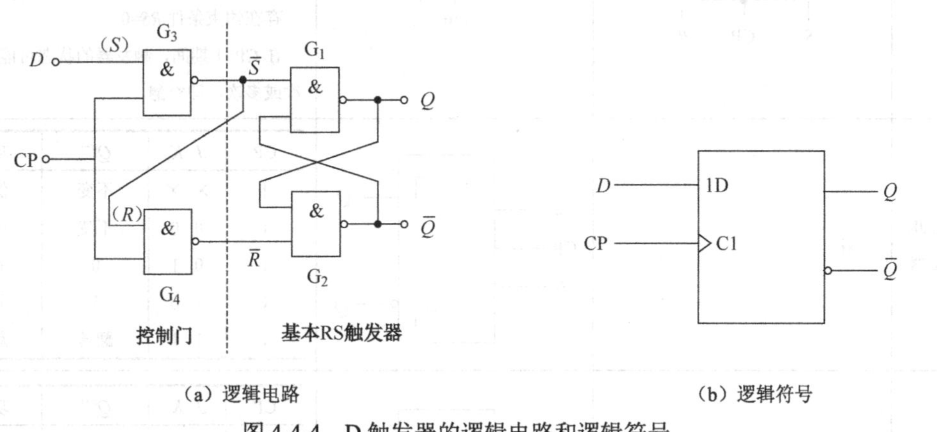

（a）逻辑电路 （b）逻辑符号

图 4-4-4 D 触发器的逻辑电路和逻辑符号

边沿 D 触发器只有一个输入端，消除了输出的不定状态。D 触发器具有置 0、置 1 的逻辑功能，如表 4-4-4 所示。

表 4-4-4 D 触发器的真值表

CP	D	Q^{n+1}	功能说明
0	×	Q^n	保持
1	0	0	置 0
1	1	1	置 1

D 触发器的逻辑功能可归纳为：CP=0 时，$Q^{n+1}=Q^n$（保持）；CP=1 时，$Q^{n+1}=D$，触发器的输出随 D 的变化而变化。

几种触发器对比如表4-4-5所示。

表4-4-5　几种触发器对比

种类	电路结构	电路符号	功能表
基本RS触发器			$\bar{R}$ $\bar{S}$ | Q^{n+1} | 功能 0 0 | 不定 | 禁止 0 1 | 0 | 置0 1 0 | 1 | 置1 1 1 | 不变 | 保持 存在约束条件：$R_D+S_D=1$
同步RS触发器			CP | R S | Q^{n+1} | 功能 0 | × × | 不变 | 保持 1 | 0 0 | 不变 | 保持 1 | 0 1 | 1 | 置1 1 | 1 0 | 0 | 置0 1 | 1 1 | 不定 | 禁止 存在约束条件 $RS=0$ 在CP=1期间，触发器的状态可能变化两次或多次，即空翻
主从JK触发器	略		CP | J K | Q^{n+1} | 功能 ↑ | × × | 不变 | 保持 ↓ | 0 0 | 不变 | 保持 ↓ | 0 1 | 0 | 置0 ↓ | 1 0 | 1 | 置1 ↓ | 1 1 | 翻转 | 翻转
边沿JK触发器	略		CP | J K | Q^{n+1} | 功能 ↑ | × × | 不变 | 保持 ↓ | 0 0 | 不变 | 保持 ↓ | 0 1 | 0 | 置0 ↓ | 1 0 | 1 | 置1 ↓ | 1 1 | 翻转 | 翻转
D触发器	略		CP | D | Q^{n+1} | 功能 ↑ | 0 | 0 | 置0 ↑ | 1 | 1 | 置1

二、时序逻辑电路定义

时序逻辑电路是指任何时刻的输出状态不仅取决于该时刻的输入状态，还取决于前一时刻的电路状态的数字电路。时序逻辑电路可分为同步时序电路和异步时序电路。其中，同步时序电路的所有触发器状态的变化都是在同一时钟信号控制下同时发生的，而异步时序电路的触发器状态的变化不是同时发生的。

三、寄存器

寄存器由门电路和具有存储功能的触发器构成，一个触发器可以存储一位二进制代码，存放 N 位二进制代码的寄存器需用 N 个触发器构成。此外，寄存器还包含由门电路构成的控制电路，以保证信号的接收和清除。常见寄存器按功能可分为数码寄存器和移位寄存器。

1. 数码寄存器

数码寄存器用来存放二进制代码，也称为基本寄存器，它具有接收、存储和清除数码的功能。寄存器存放数码的方式有串行和并行两种，输出数码的方式也有串行和并行两种。

2. 移位寄存器

移位寄存器不仅具有存放数码的功能，还具有移位传送的功能。所谓移位功能，是指存在寄存器中的数码可以在移位脉冲（CP）的作用下，逐次转移到相邻的触发器中。移位寄存器按移动方式分为单向（左移、右移）移位寄存器和双向移位寄存器。

四、计数器

计数器是指能够累计脉冲数目的数字电路，是一种记忆系统，除用于计数外，还可用于定时、分频等。根据触发器的触发方式不同，计数器可分为同步计数器和异步计数器；根据进位规则不同，计数器可分为二进制计数器、十进制计数器、任意进制计数器；根据计数是增还是减，每一种进制的计数器又可分为加法计数器、减法计数器和可逆计数器。

【典例解析】

例 1：同步 RS 触发器是用 CP 脉冲来控制其翻转的，当触发器翻转时，CP 脉冲处于（　　）。

A．下降沿　　B．上升沿

C．高电平　　D．低电平

分析：同步 RS 触发器，只有在 CP=1 时，输入状态才可以改变输出状态。

例 2：D 触发器具有的逻辑功能是（　　）。

A．保持、计数　　B．屏驱

C．置 1、计数　　D．置 1、置 0

分析：D 触发器只有置 0 和置 1 的功能。

例 3：触发器与组合逻辑电路比较，（　　）。

A．两者都有记忆能力

B．只有组合逻辑电路有记忆能力

C．只有触发器有记忆能力

D．两者都没有记忆能力

分析：组合逻辑电路中任一时刻的输出状态只决定于该时刻输入信号的状态，而与电路的原状态无关，即电路不存在记忆和存储功能。触发器是能存储1位二进制信息的逻辑电路，是构成时序逻辑电路的基本单元，具有记忆功能。

例4：（2017年高考真题）边沿D触发器，$\overline{S_D}=1$，$\overline{R_D}=1$，$D=1$，在时钟脉冲CP上升沿作用后，触发器的输出端Q将置0。（　　）

分析：D触发器的功能是：$D=1$，$Q=1$；$D=0$，$Q=0$。

例5：（2016年高考真题）D/A转换器可将模拟量转换为数字量。（　　）

分析：D/A是数字量转模拟量。

例6：（2016年高考真题）下图所示的边沿JK触发器中，$\overline{S_D}=1$，$\overline{R_D}=1$，$J=1$，$K=1$，在时钟脉冲CP下降沿作用后，触发器的输出端Q将（　　）。

A．置0　　B．置1

C．状态发生翻转　　D．处于保持状态

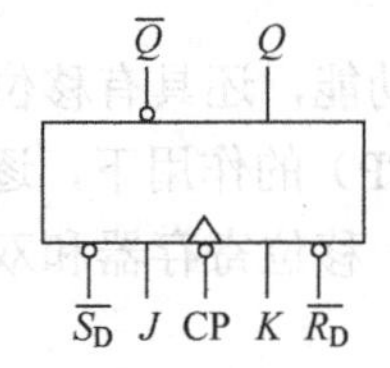

分析：JK触发器的功能是：$J=0$，$K=0$，保持；$J=0$，$K=1$，Q置0；$J=1$，$K=0$，Q置1；$J=1$，$K=1$，Q翻转。

例7：（2020年高考真题）译码器和寄存器均属于组合逻辑电路。（　　）

分析：寄存器和计数器都属于时序逻辑电路，而编码器和译码器都属于组合逻辑电路。

【同步精练】

一、单项选择题

1．主从JK触发器$J=1$，$K=0$，不管原状态如何，在CP作用后，触发器总处于（　　）。

A．0态　　B．1态　　C．维持原状态

2．存储8位二进制信息要（　　）个触发器。

A．2　　B．3

C．4　　D．8

3．下列逻辑电路中为时序逻辑电路的是（　　）。

A．变量译码器　　B．加法器

C．数码寄存器　　D．数据选择器

4．仅具有“置0”“置1”功能的触发器是（　　）。

A．JK触发器　　B．RS触发器

C．D 触发器　　D．T 触发器

5．时序逻辑电路中一定包含（　　）。

A．触发器　　B．编码器

C．移位寄存器　　D．译码器

6．时序电路某一时刻的输出状态，与该时刻之前的输入信号（　　）。

A．有关　　B．无关

C．有时有关，有时无关　　D．以上选项都不对

7．具有“置 0”“置 1”“保持”“翻转”功能的触发器是（　　）。

A．JK 触发器　　B．基本 RS 触发器

C．同步 D 触发器　　D．同步 RS 触发器

8．对于触发器和组合逻辑电路，以下说法正确的是（　　）。

A．两者都有记忆能力　　B．两者都无记忆能力

C．只有组合逻辑电路有记忆能力　　D．只有触发器有记忆能力

9．触发器是由逻辑门电路组成的，所以它的功能特点是（　　）。

A．和逻辑门电路功能相同　　B．有记忆功能

C．没有记忆功能　　D．全部是由门电路组成的

10．与非门构成的基本 RS 触发器，输入信号 $\overline{S}$=0，$\overline{R}$=1，其输出状态是（　　）。

A．置 1　　B．置 0

C．不定　　D．保持

11．基本 RS 触发器中，具有记忆功能的状态是（　　）。

A．R=0，S=0　　B．R=1，S=0

C．R=0，S=1　　D．R=1，S=1

12．与非门构成的 RS 触发器不允许输入的变量组合 RS 为（　　）。

A．00　　B．01

C．11　　D．10

13．以下触发器可能出现空翻现象的有（　　）。

A．同步 RS 触发器　　B．主从 JK 触发器

C．边沿 JK 触发器　　D．D 触发器

14．同步 RS 触发器的触发方式为（　　）。

A．高电平　　B．低电平

C．上升沿　　D．下降沿

15．同步 RS 触发器中，具有置 1 功能的状态是（　　）。

A．R=0，S=0　　B．R=0，S=1

C．R=1，S=0　　D．R=1，S=1

16．为了使触发器克服空翻与振荡，应采用（　　）。

A．CP 高电平触发　　B．CP 低电平触发

C．CP 低电位触发　　D．CP 边沿触发

17．D 触发器具有（　　）种功能。

A．1　　B．2

C. 3　　D. 4

18. N个触发器组成的计数器计的最大十进制数为（　　）。

A. 2^N　　B. 2^{N+1}

C. 2^N-1　　D. 2^{N-1}

19. 对于D触发器，若CP脉冲到来前所加的激励信号D=1，可以使触发器的状态（　　）。

A. 由0变0　　B. 由×变0

C. 由1变0　　D. 由×变1

20. 当主从JK触发器的逻辑功能置0时，以下说法正确的是（　　）。

A. J=1，K=0　　B. J=K=1

C. J=K=0　　D. J=0，K=1

21. JK触发器在J、K端同时输入高电平，触发器输出端处于（　　）状态。

A. 保持　　B. 置0

C. 置1　　D. 翻转

22. 时序逻辑电路中具有记忆功能的部件是（　　）。

A. 触发器　　B. 与非门

C. 或非门　　D. 逻辑门电路

23. 通常寄存器应具有（　　）功能。

A. 存数和取数　　B. 清零和置数

C. A和B两者皆有　　D. 计数功能

24. 双向移位寄存器的功能是（　　）。

A. 只能将数码左移　　B. 只能将数码右移

C. 既可以左移，又可以右移　　D. 不能确定

25. 如果一个寄存器的数码是“同时输入、同时输出”，则该寄存器采用（　　）。

A. 串行输入输出

B. 并行输入输出

C. 串行输入、并行输出

D. 并行输入、串行输出

26. 下列触发器中，不能用于移位寄存器的是（　　）。

A. D触发器　　B. JK触发器

C. 基本RS触发器

27. 移位寄存器不能实现的功能为（　　）。

A. 存储代码　　B. 移位

C. 数据的串行、并行转换　　D. 计数

28. 构成计数器的基本单元电路是（　　）。

A. 或非门　　B. 与非门

C. 同或门　　D. 触发器

二、判断题

1．触发器有两个稳定状态，一个是现态，一个是次态。（　）

2．触发器有两个稳定状态，在外界输入信号的作用下，可以从一个稳定状态转变为另一个稳定状态。（　）

3．主从触发器能避免触发器的空翻现象。（　）

4．采用边沿触发器是为了防止空翻。（　）

5．时序逻辑电路的特点是任何时刻的输出仅和输入有关，而与电路原来状态无关。（　）

6．为了记忆电路的状态，时序电路必须包含存储电路，存储电路通常以触发器为基本单元电路组成。（　）

7．触发器实质上是一种功能最简单的时序逻辑电路，是时序电路存储记忆的基础。

8．触发器具有存储功能，能存一位二值信号。（　）

9．D 触发器仅具有置 0 和置 1 功能。（　）

10．同步 RS 触发器中，当 CP=0、S=0、R=1 时，触发器的状态置为 1。（　）

11．JK 触发器的 J、K 端悬空，表示 J=K=0。（　）

12．主从 JK 触发器具有空翻现象。（　）

13．D 触发器的输出状态始终与输入状态相同。（　）

14．计数器、寄存器和加法器都属于时序逻辑电路。（　）

15．计数器和寄存器是简单又最常用的组合逻辑器件。（　）

16．数字电路可以分为组合逻辑电路和时序逻辑电路两大类。（　）

17．触发器的 $\overline{S_D}$ 端称为置 1 端。（　）

18．移位寄存器每输入一个时钟脉冲，电路中只有一个触发器翻转。（　）

19．显示器属于时序逻辑电路类型。（　）

20．当基本 RS 触发器的 R_D=1、S_D=0 时，该触发器的输出状态为 1。（　）

21．当 J=K=1 时，JK 触发器处在翻转状态，也称记忆状态。（　）

三、填空题

1．用以存放一位二进制代码的电路称为________。

2．触发器具有____个稳定状态，即______态和________态。

3．在 CP 有效期间，若同步触发器的输入信号发生多次变化，其输出状态也会相应发生多次变化，这种现象称为________________。

4．用来记忆和统计输入 CP 脉冲个数的电路，称为_______。

5．在 CP 脉冲和输入信号作用下，JK 触发器具有_____、_____、_____和_______的逻辑功能。

6．对于 JK 触发器，在 CP 脉冲有效期间，若 J=K=0，触发器状态______；若 $J=\overline{K}$，触发器______或______；若 J=K=1，触发器状态______。

7．触发器是具有记忆功能的逻辑电路，每个触发器能够存储_________位二进制数。

8．存放 N 位二进制代码的寄存器需要______个触发器来构成。

9．D 触发器的初始状态为 $Q^n=0$，欲使次态 $Q^{n+1}=1$，则 $D=$________。

10．寄存器具有________、________、________功能。

11．________触发器存在“空翻”现象。

四、作图题

1．已知主从 JK 触发器 J、K 的波形如下图所示，画出输出端 Q 的波形图（设初始状态为 0）。

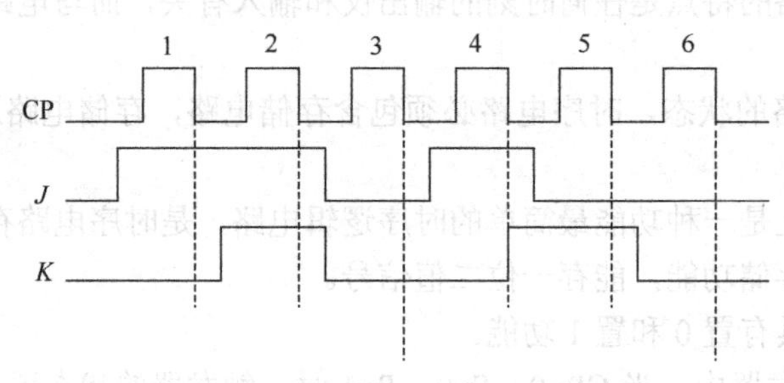

2．在 JK 触发器输入端加信号如下图所示，画出 Q=0 时的输出波形。

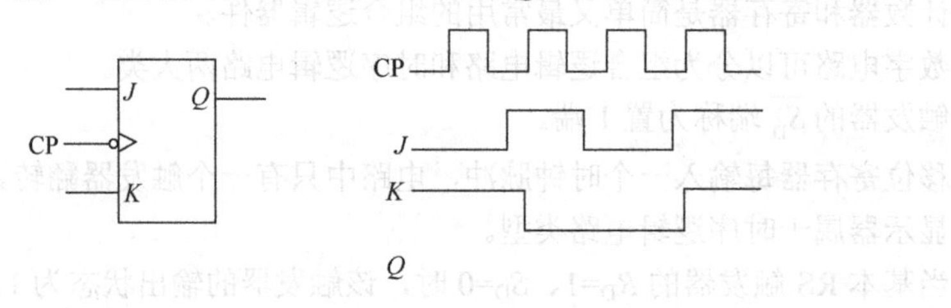

3．某 JK 触发器的初始状态 Q=1，CP 的下降沿触发，试根据下图所示的 CP、J、K 的波形，画出输出端 Q 的波形。

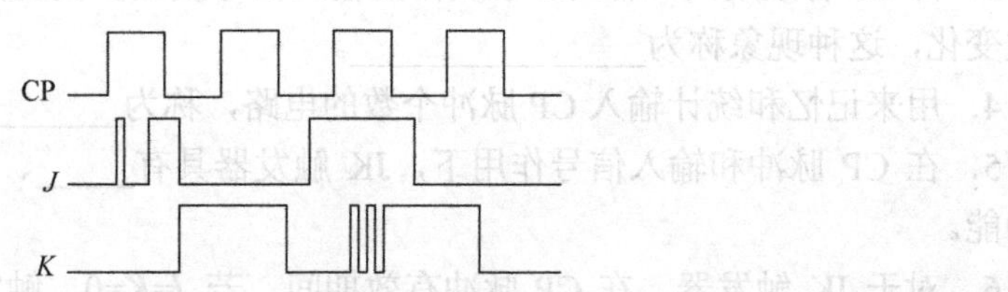

4．在下图所示的 JK 触发器中，根据已知波形画出 Q 端的输出波形（设 Q 的初始状态为 0）。

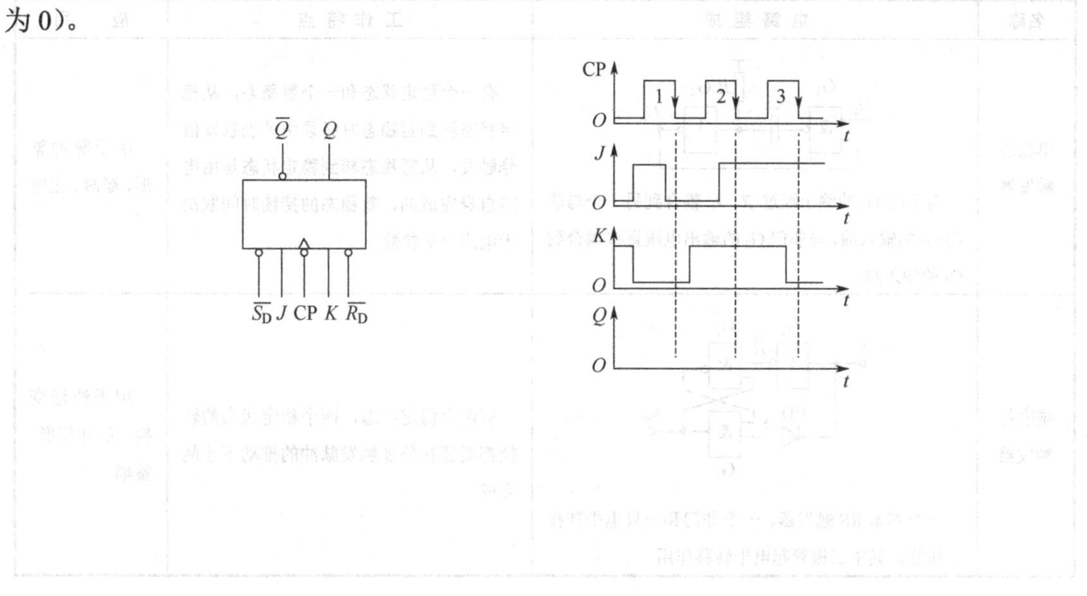

第五节　波形的产生与变换

【知识要点】

获得矩形脉冲的方法通常有两种：一种是用脉冲产生电路直接产生；另一种是对已有的信号进行整形，然后将它变换成所需要的脉冲信号。多谐振荡器是典型的矩形脉冲产生电路之一，常用的脉冲整形电路有单稳态触发器和施密特触发器。几种脉冲波形与变换电路对比如表 4-5-1 所示。

表 4-5-1　几种脉冲波形与变换电路对比

名称	电路组成	工作特点	应用
多谐振荡器	G_1 G_2 1 1 R C u_o 多谐振荡器的电路形式较多，可以由模拟电路构成，也可由数字电路构成。上图是由两个非门通过电容耦合，首尾相接而成的	能够自激产生脉冲波形，它的状态转换不需要外加触发信号触发，而完全由电路自身完成。它没有稳定状态，只有两个暂稳态	产生矩形脉冲

续表

名称	电 路 组 成	工 作 特 点	应 用
单稳态触发器	与非门 G_1 的输出经过 R、C 耦合到另一个与非门 G_2 的输入端，与非门 G_2 的输出电压直接耦合到 G_1 的输入端	有一个稳定状态和一个暂稳态，从稳定状态转到暂稳态时必须由外加触发信号触发，从暂稳态转到稳定状态是由电路自身完成的，暂稳态的持续时间取决于电路自身参数	用于脉冲整形、延时、定时
施密特触发器	一个基本 RS 触发器、一个非门和一只电平转移二极管。其中二极管起电平转移作用	有两个稳定状态，两个稳定状态的转换都需要在外加触发脉冲的推动下才能完成	用于波形变换、脉冲整形、鉴幅

【典例解析】

例 1：欲将频率为 f 的正弦波转换成为同频率的矩形脉冲，应选用（　　）。

A．施密特触发器　　B．多谐振荡器

C．单稳态触发器　　D．T'触发器

分析：脉冲整形电路能够将其他形状的信号，如正弦波、三角波和一些不规则的波形变换成矩形脉冲。施密特触发器就是常用的脉冲整形电路，它有两个特点：①能把变化非常缓慢的输入波形整形成数字电路所需要的矩形脉冲；②有两个触发电平，当输入信号达到某一额定值时，电路状态就会转换，因此它属于电平触发的双稳态电路。

例 2：只有暂稳态的电路是（　　）。

A．多谐振荡器　　B．单稳态电路

C．施密特触发器　　D．555 定时器

分析：多谐振荡电路能够自激产生脉冲波形，它的状态转换不需要外加触发信号触发，而完全由电路自身完成。因此它没有稳定状态，只有两个暂稳态。

例 3：单稳态触发器中，欲加大输出脉冲宽度，可增加输入脉冲宽度。（　　）

分析：单稳态触发电路只有一个稳定状态，另一个是暂稳态，从稳定状态转换到暂稳态时必须由外加触发信号触发，从暂稳态转换到稳定状态是由电路自身完成的，暂稳态持续的时间与触发脉冲无关，仅决定于电路本身的参数。

【同步精练】

一、选择题

1．多谐振荡器能产生（　　）。

A．正弦波　　B．矩形波

C．三角波　　D．锯齿波

2．单稳态触发器具有（　　）功能。

A．计数　　B．定时、延时

C．定时、延时和整形　　D．产生矩形波

3．按输出状态划分，施密特触发器属于（　　）触发器。

A．单稳态　　B．双稳态

C．无稳态　　D．以上选项都不对

4．施密特触发器常用于对脉冲波形的（　　）。

A．计数　　B．寄存

C．延时与定时　　D．整形与变换

5．能把三角波转换为矩形脉冲信号的电路是（　　）。

A．多谐振荡器　　B．DAC

C．ADC　　D．施密特触发器

6．ADC 的功能是（　　）。

A．将模拟信号转换成数字信号　　B．将数字信号转换成模拟信号

C．将非电信号转换成模拟信号　　D．将模拟信号转换成非电信号

7．多谐振荡器有（　　）。

A．两个稳定状态　　B．一个稳定状态，一个暂稳态

C．两个暂稳态　　D．记忆二进制数的功能

二、判断题

1．单稳态触发器只有一个稳定状态。（　　）

2．多谐振荡器有两个稳定状态。（　　）

3．在单稳态和无稳态电路中，由暂稳态过渡到另一个状态，其“触发”信号是由外加触发脉冲提供的。（　　）

4．多谐振荡器是一种自激振荡电路，不需要外加输入信号，就可以自动地产生矩形脉冲。（　　）

5．单稳态触发器和施密特触发器不能自动地产生矩形脉冲，但可以把其他形状的信号变换成矩形波。（　　）

6．施密特触发器可用于将三角波变换成正弦波。（　　）

7．单稳态触发器无须外加触发脉冲就能产生周期性脉冲信号。（　　）

8．多谐振荡器在工作时需要接输入信号。（　　）

9．施密特触发器有两个稳定状态。（　　）

10．单稳态触发器的暂稳态时间与输入触发脉冲宽度成正比。（　　）

11．施密特触发器能把缓慢变化的输入信号转换成矩形波。（　　）

12．一般的双稳态触发器电路需要外加触发信号保持不变来维持其状态的稳定。（　　）

13．将数字信号转换为模拟信号的电路称为模/数转换电路。（　　）

14．DAC 可将数字量信号转换为模拟量信号。（　　）

15．施密特触发器不能用于脉冲整形。（　　）

16．施密特触发器常用于对脉冲波形的延时与定时。（　　）

三、填空题

1．脉冲波形产生与变换电路的种类很多，但一般都是以________、单稳态触发器、________为基础。

2．多谐振荡器是一种能输出________脉冲信号的振荡器，电路的输出不停地在高电平与低电平之间翻转，所以称为________稳态电路。

3．单稳态触发器只有一个稳定状态，另一个状态是不稳定的，称为________。它平时处于________状态，在外加触发脉冲的作用下，该触发器能从________状态翻转到________状态。

4．施密特触发器主要用于实现________、________和波形变换。

5．________触发器能将缓慢变化的非矩形脉冲变换成边沿陡峭的矩形脉冲。

6．ADC 的功能是把________信号转换为________信号。

高考大纲及近几年考题对照

第一单元

■ 理解PN结的单向导电性。

1.【2019】稳压二极管起稳压作用是利用了二极管的（　　）。

A．正向导通特性　　B．反向截止特性

C．双向导电特性　　D．反向击穿特性

2.【2015】二极管正偏导通时电阻小，反偏截止时电阻大。（　　）

3.【2017】要使二极管正向导通，则加在二极管的正向偏置电压应大于（　　）。

A．死区电压　　B．饱和电压

C．击穿电压　　D．最高反向工作电压

4.【2018】如图所示，若将普通发光二极管VD直接与电动势E为9V的直流电源相连，则（　　）。

A．该电路能正常工作

B．此二极管因反向电压过大而击穿

C．此二极管因正向电压偏低而截止

D．此二极管因电流过大而损坏

E　VD

5.【2020】测得电路中某锗二极管的正极电位为3V，负极电位为2.7V，则此二极管工作在（　　）。

A．正向导通区　　B．反向截止区

C．死区　　D．反向击穿区

6.【2017】当光照增强时，光敏二极管的反向电阻变小。（　　）

7.【2019】若测得某二极管的正、反向电阻均趋于无穷大，则该二极管开路。（　　）

■ 理解二极管的伏安特性和主要参数。

1.【2015】当加在二极管上的反向电压增大到一定数值时，其反向电流会突然增大，此现象被称为二极管的________现象。

■ 理解单相半波整流、桥式整流电路的工作原理，会估算各电路的输出电压和输出电流。

1.【2015】在单相桥式整流电路中，若变压器次级电压的有效值U_2=10V，则输出电压U_o为（　　）。

A．4.5V　　B．9V

C．10V　　D．12V

2.【2015】整流桥堆是将四只整流二极管按桥式连接集成在一起构成的器件。（　　）

3.【2016】在单相桥式整流电路中，若其中一只二极管断开，则负载两端的直流电压（　　）。

A．变为0　　B．下降

C．升高　　D．保持不变

4.【2016】整流电路可将交流电变为平滑的直流电。（　　）

5.【2016】某变压器副边电压的有效值为10V，则单相桥波整流后的输出电压为________。

6.【2017】单相桥式全波整流电路中，流过每个二极管的平均电流为负载电流的一半。（　　）

7.【2017】如图所示单相桥式整流电路，变压器副边电压有效值U_2为10V，若VD1断路，则输出电压U_o为________V。

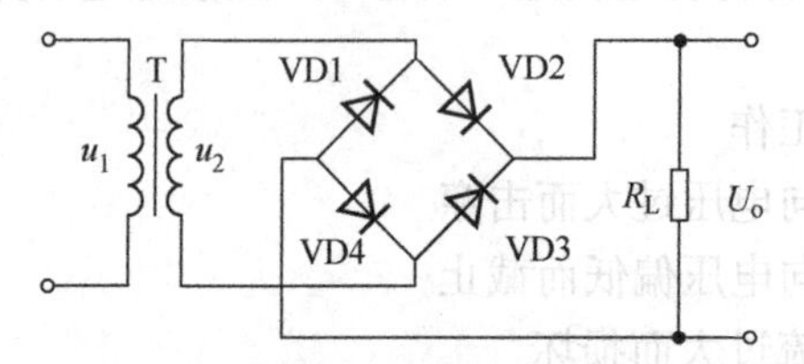

8.【2018】电源电路中，整流二极管的整流作用是利用二极管的________。

9.【2019】如图所示半波整流电路，输入电压u_2的有效值为20V，则输出电压U_o约为（　　）。

A．9V　　B．18V　　C．24V　　D．28V

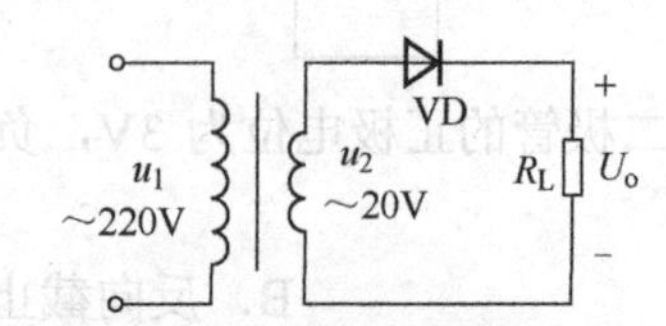

10.【2020】整流电路的主要功能是将交流电变换成脉动直流电。（　　）

■理解电容滤波、电感滤波的工作原理，会估算各类电路输出电压的平均值。

1.【2015】单相正弦交流电通过桥式整流电容滤波电路后，所得输出波形是下图所示的

（　　）。

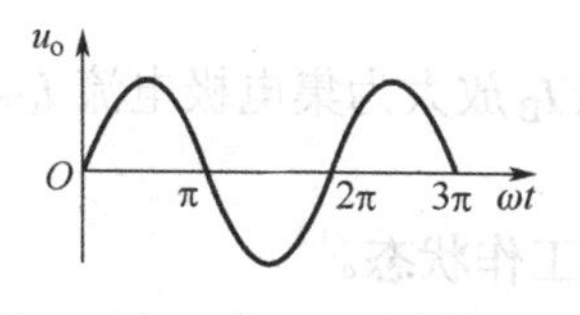

A.

B.

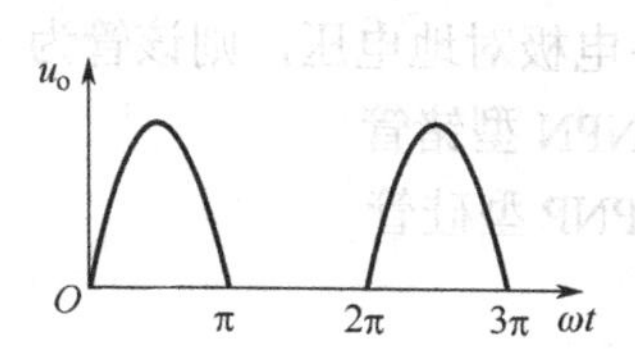

C.

D.

2.【2018】输入电压不变的情况下，桥式整流电路加上滤波电容后，整个电路的输出电压将升高。（　　）

3.【2020】如图所示桥式整流电容滤波电路，如果变压器次级电压 u_2 的有效值为 10V，则负载 R_L 上的平均电压 U_L 约为（　　）。

A．8V　　B．10V　　C．12V　　D．15V

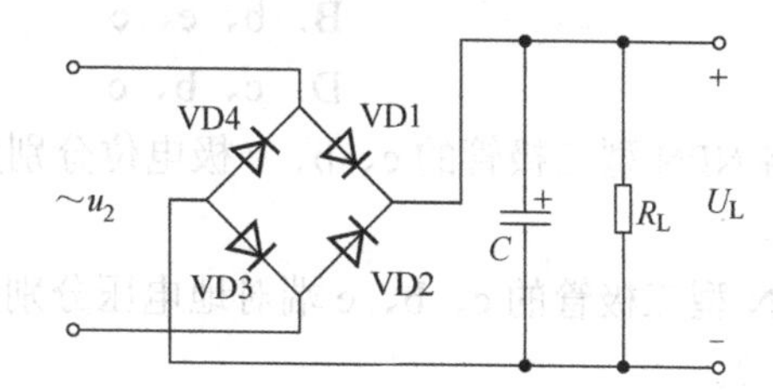

第二单元

■ 了解三极管的基本结构，掌握电流分配和电流放大原理。

1.【2015】某三极管发射极电流 I_E 为 1mA，基极电流 I_B 为 30μA，则集电极电流 I_C 为（　　）。

A．0.97mA　　B．1.03mA

C．1.13mA　　D．1.3mA

2.【2015】三极管处于截止状态时，理想状态为 $I_B=0$，$I_C=0$。（　　）

3.【2016】三极管内部电流满足基尔霍夫第一定律（节点电流定律）。（　　）

4.【2016】三极管的发射区和集电区由同一种杂质半导体构成，因此发射极和集电极可以互换使用。（　　）

5.【2017】某工作于放大状态的晶体三极管，已知 $I_B=0.04\text{mA}$，$\beta=50$，忽略其穿透电流，则 $I_E \approx I_C=20\text{mA}$。（　　）

6.【2019】测得某三极管发射极电流为3mA，基极电流为30μA，则集电极电流为______mA。

7.【2020】三极管的电流放大作用就是将基极电流 I_B 放大为集电极电流 I_C。（　　）

■ **理解三极管的输入/输出特性，会判别三极管的工作状态。**

1.【2015】某NPN型晶体三极管，测得其发射极E、基极B、集电极C的电位分别为 V_E=1.6V，V_B=2.3V，V_C=6V，则该三极管工作在_______状态。

2.【2016】下图所示为某放大电路中的三极管各电极对地电压，则该管为（　　）。

A．NPN型硅管　　B．NPN型锗管

C．PNP型锗管　　D．PNP型硅管

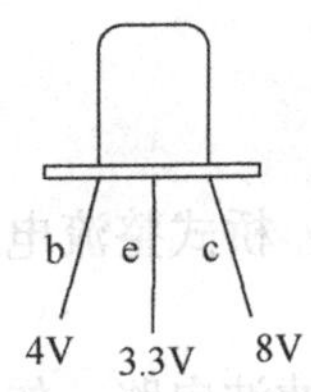

3.【2017】某工作于放大状态的硅三极管，测得①脚电位为2.3V，②脚电位为3V，③脚电位为7V，则可判定①、②、③脚依次为（　　）。

A．e、b、c　　B．b、e、c

C．c、e、b　　D．c、b、e

4.【2018】测得某电路NPN型三极管的c、b、e极电位分别为7V、3V、2.3V，则此三极管的工作状态为_______。

5.【2019】测得某NPN型三极管的c、b、e端对地电压分别为5.3V、5.7V、5V，则此三极管的工作状态为（　　）。

A．截止状态　　B．饱和状态

C．放大状态　　D．击穿状态

6.【2020】测得放大电路中某NPN型硅三极管的c、b、e极电位分别为12V、6.7V、6V，则此三极管的工作状态为（　　）。

A．截止　　B．饱和　　C．放大　　D．过耗

■ **理解三极管的主要参数。**

■ **掌握固定偏置放大电路、分压式偏置放大电路的电路结构、主要元件的作用，会估算静态工作点及 A_u、R_i、R_o。**

1.【2017】单管共射放大电路的输出电压信号与输入电压信号相位相反。（　　）

2.【2018】单管放大电路采用分压式偏置方式，主要目的是提高输入电阻。（　　）

3.【2019】单管共射放大器的输出电压与输入电压相位相同。（　　）

4.【2018】下图所示为NPN型单管共射放大电路的输入波形 u_i 与输出波形 u_o，该电路发生失真的类型是（　　）。

A．截止失真

B．饱和失真

C．交越失真

D．既有饱和失真，也有截止失真

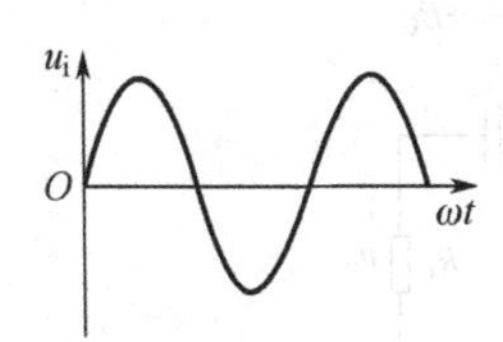

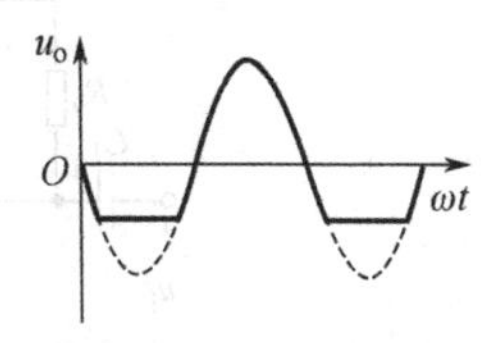

5.【2019】NPN 型单管共射放大电路在输入正弦信号时，输出电压波形仅出现饱和失真的是（　　）。

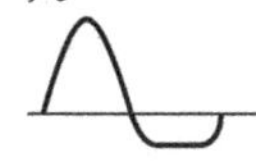

A.

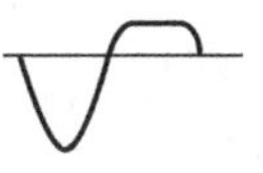

B.

C.　　　　D.

6.【2015】已知 R_b =300kΩ，$R_c = R_L$ =4kΩ，β=50，电源电压 E_C =12V，U_{BEQ} 忽略不计。

（1）求电路的静态工作点 I_{BQ}、I_{CQ}、U_{CEQ}；

（2）按经验公式 $r_{be} = 300 + (1+\beta)\dfrac{26(\mathrm{mV})}{I_{EQ}(\mathrm{mA})}$，计算三极管的 r_{be}；

（3）求电路的电压放大倍数 A_u。

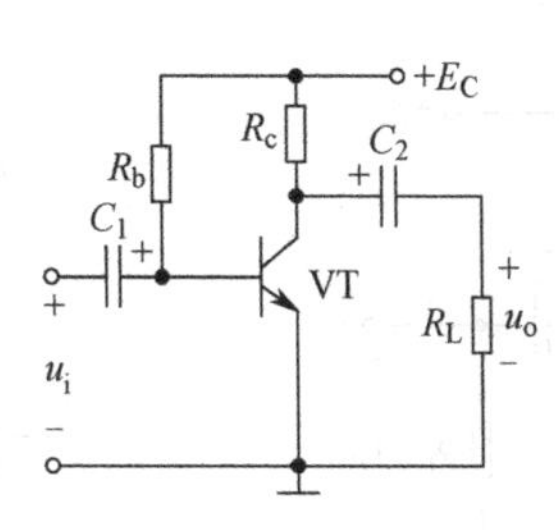

7.【2016】图示放大电路，已知晶体管的β=100，R_c=2kΩ，E_C=12V，U_{BEQ}忽略不计。

（1）若测得静态管压降U_{CEQ}=6V，求I_{CQ}、I_{BQ}、R_b；

（2）若测得u_i和u_o的有效值分别为1mV和100mV，求电路的电压放大倍数A_u。

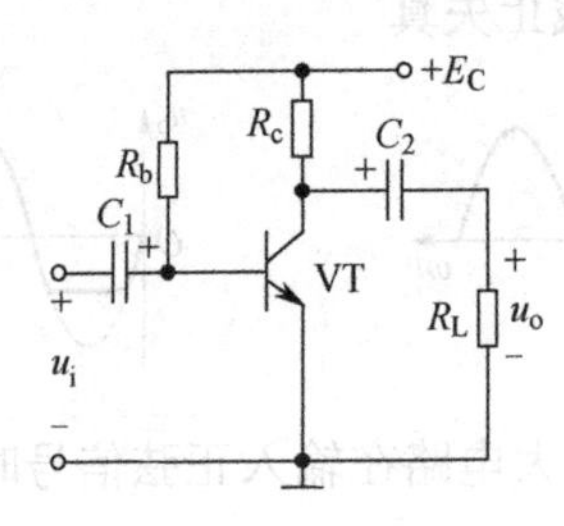

8.【2017】放大电路中，三极管的β=100，R_b=400kΩ，R_c=2kΩ，E_C=12V，U_{BEQ}忽略不计。

（1）求电路的静态工作点I_{CQ}、I_{BQ}、U_{CEQ}；

（2）因调节R_b，该电路静态工作点发生了改变。当输入正弦信号u_i时，输出信号u_o的波形如图所示，试判断是何种失真。

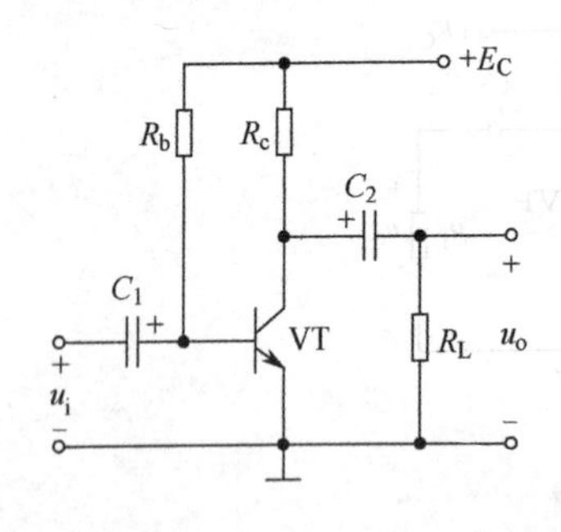

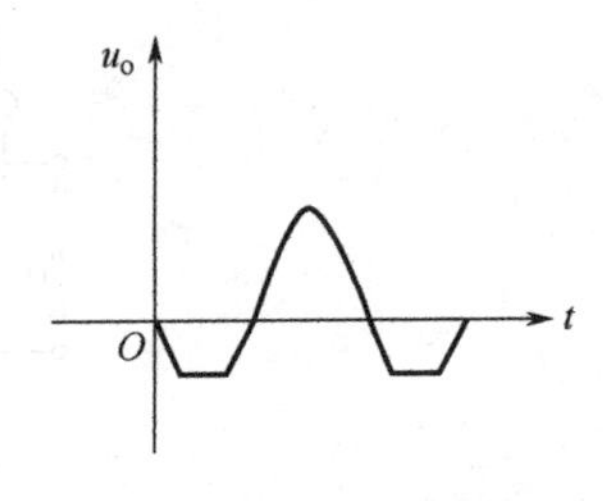

9.【2018】下图所示放大电路，已知 R_{b1}=40kΩ，R_{b2}=20kΩ，R_c=1kΩ，R_e=1kΩ，R_L=8kΩ，E_C=24V，β=100，U_{BEQ}=0.7V。

（1）求三极管的基极电位 U_{BQ}，发射极电位 U_{EQ}；

（2）求电路的静态工作点 I_{BQ}、I_{CQ} 和 U_{CEQ}。

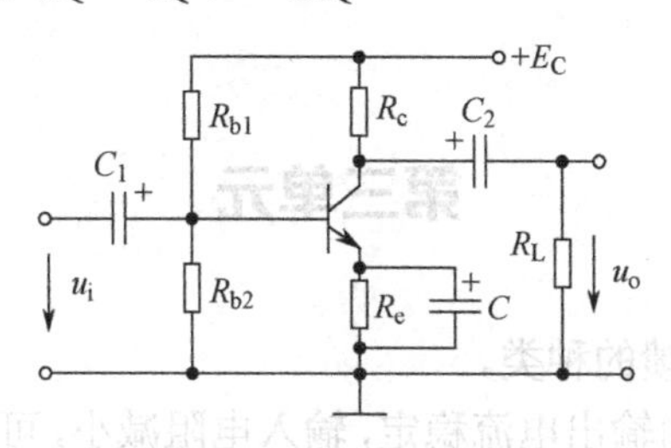

10.【2020】如图所示放大电路，已知 R_{b1}=20kΩ，R_{b2}=10kΩ，R_c=R_e=R_L=2kΩ，E_C=12V，β=50，U_{BEQ}=0.6V。

（1）求三极管的静态工作点 U_{BQ}、U_{EQ}、I_{EQ}、I_{BQ}；

（2）若测得 u_i 和 u_o 的有效值分别为 10mV 和 0.5V，求电压放大倍数 A_u 的大小。

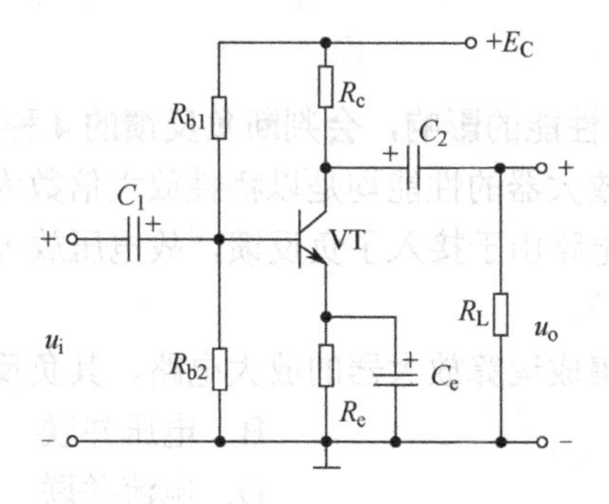

■ **了解放大器的三种组态，掌握射极跟随器的特点。**

1.【2019】多级放大器的总电压放大倍数为各级放大器的电压放大倍数之和。（　　）

2.【2015】在两级放大器中，如果各级放大器的电压放大倍数均为100，则该两级放大器的总电压放大倍数为200。（　　）

第三单元

■ **理解反馈的概念、反馈的种类。**

1.【2015】要使放大电路的输出电流稳定，输入电阻减小，可引入负反馈的类型是（　　）。

A．电压串联负反馈　　B．电压并联负反馈

C．电流串联负反馈　　D．电流并联负反馈

2.【2020】如图所示两级放大电路，R_f引入的反馈类型是（　　）。

A．电流并联负反馈　　B．电流串联负反馈

C．电压串联负反馈　　D．电压并联负反馈

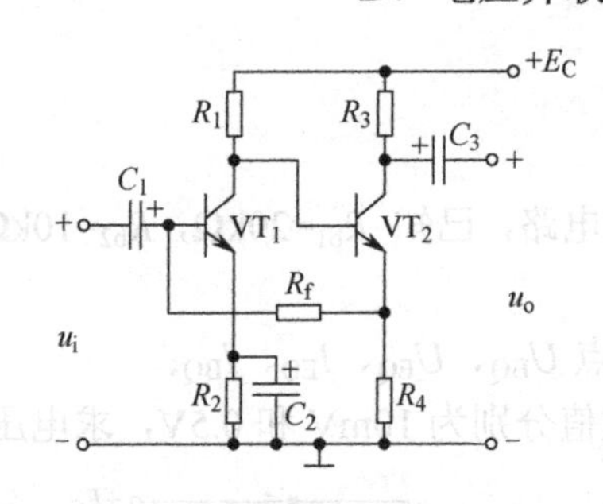

■ **了解负反馈对放大器性能的影响，会判断负反馈的4种类型。**

1.【2014】负反馈改善放大器的性能均是以牺牲放大倍数为代价的。（　　）

2.【2015】负反馈放大电路由于接入了负反馈，故电压放大倍数要下降，电压放大倍数的稳定性也相应降低。（　　）

3.【2016】如图所示为集成运算放大器的放大电路，其负反馈类型是（　　）。

A．电压串联　　B．电压并联

C．电流串联　　D．电流并联

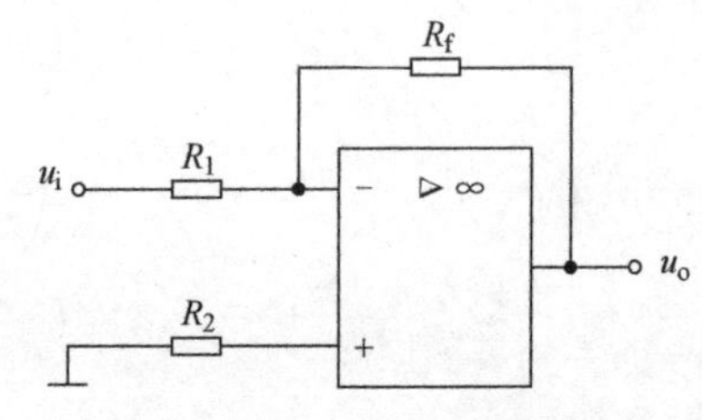

4.【2017】如图所示，放大电路中R_4支路构成（　　）。

A．电流串联负反馈　　B．电流并联负反馈

C. 电压串联负反馈　　　　D. 电压并联负反馈

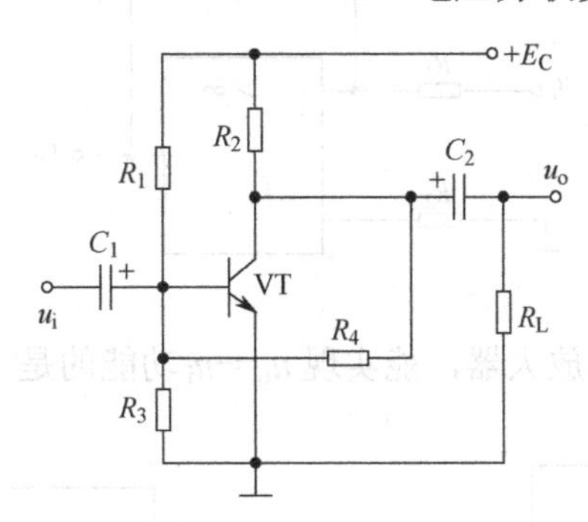

5.【2018】负反馈使放大器的失真减小，电压放大倍数增加。(　　)

■ **了解集成运放的组成，以及主要参数、虚短、虚断的概念。**

1.【2017】差分放大电路的对称性越差，抑制共模信号(干扰信号)的能力就越差。(　　)

2.【2018】"虚短"是指集成运放的两个输入端短路，两个输入端的电位完全相等。(　　)

■ **掌握由集成运放构成的常用放大器（反相比例放大器、同相比例放大器、加法器、减法器）的电路结构，会计算各电路的输出电压。**

1.【2014】已知 $R_f=5\text{k}\Omega$，$R_1=R_2=2\text{k}\Omega$，$R_3=18\text{k}\Omega$，$U_i=12\text{V}$，求输出电压 U_o。

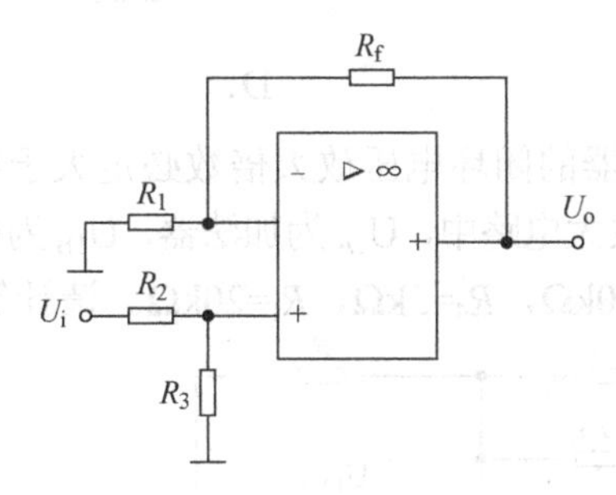

2.【2016】图示为反相比例运放电路，$R_2=R_1//R_f$，则 $\dfrac{u_o}{u_i}$ 为(　　)。

A. −11　　B. −10　　C. 11　　D. 10

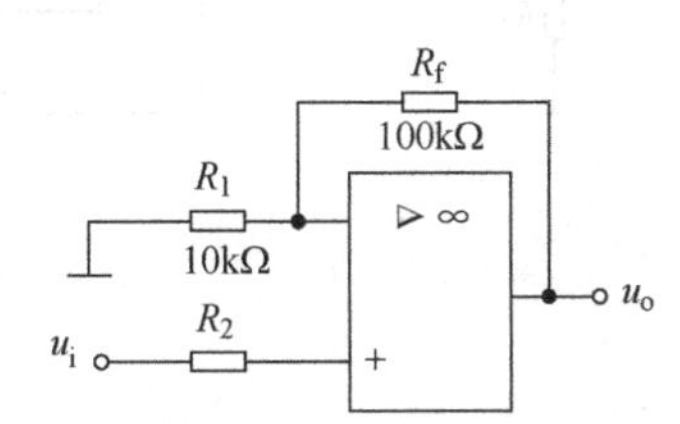

3.【2017】如图所示集成运放构成的放大电路，输出电压 u_o 与输入电压 u_i 的比值为(　　)。

A. $-\dfrac{R_f}{R_1}$　　B. $-\left(1+\dfrac{R_f}{R_1}\right)$　　C. $\dfrac{R_f}{R_1}$　　D. $1+\dfrac{R_f}{R_1}$

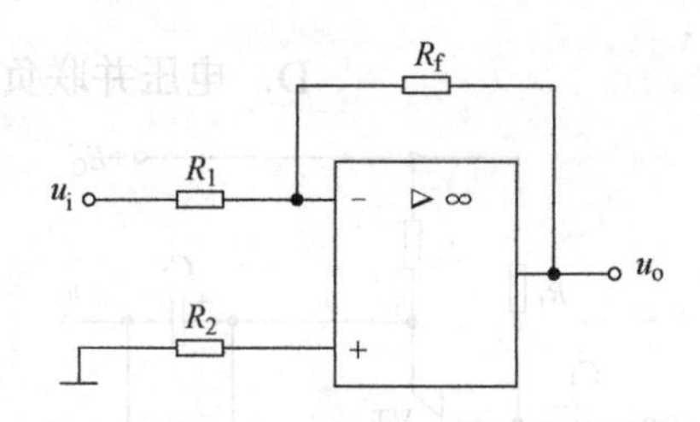

4.【2018】下图所示运算放大器，能实现 $u_o=-u_i$ 功能的是（　　）。

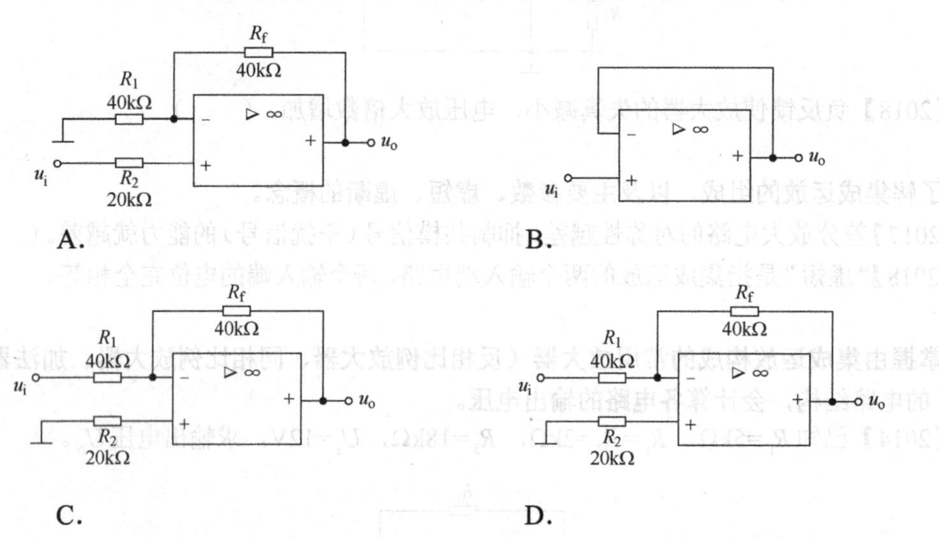

5.【2019】同相比例放大器的闭环电压放大倍数必定大于或等于 1。（　　）

6.【2019】如图所示运算放大电路中，U_{1A} 为加法器，U_{1B} 为电压跟随器，输入电压 u_{i1}=1V、u_{i2}= u_{i3} =2V，电阻 R_1=R_2=R_3=10kΩ，R_4=3kΩ，R_f=20kΩ。请计算输出电压 u_{o1} 和 u_{o2}。

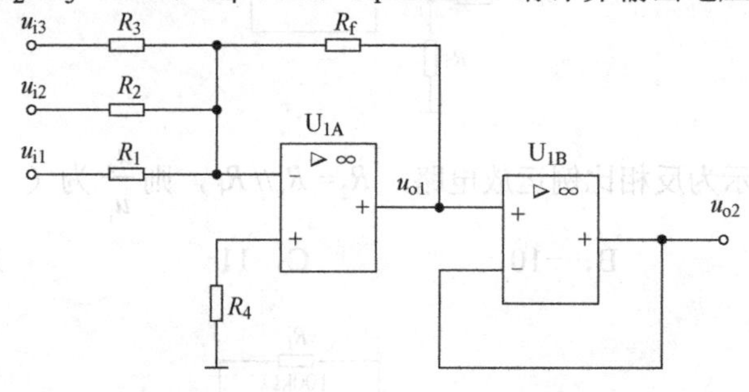

■ **了解功率放大器的要求及分类，掌握 OCL、OTL 功率放大器的工作原理，会估算各类电路的输出功率。**

1.【2014】一个 OCL 电路，其电源电压为±12V，负载电阻 R_L =8Ω，则其最大输出功率 P 为________。

2.【2016】与甲类功率放大电路相比，乙类互补推挽功率放大电路的主要优点是效率较高。(　　)

3.【2017】某 OCL 功率放大器，电源电压 E_C=12V，负载电阻 R_L=8Ω，其最大输出功率 P=________W。

4.【2020】已知 OTL 功放电路的电源电压 E_C=12V，在正常工作时其输出端静态电位为_____V。

■ **理解正弦波振荡器的振荡条件，会计算 LC 振荡器和 RC 振荡器的振荡频率。**

1.【2016】对于正弦波振荡电路而言，只要不满足相位平衡条件，即便是放大电路的放大倍数很大，它也不能产生正弦波振荡。(　　)

2.【2017】正弦振荡电路中的反馈网络，只要满足正反馈电路就一定能产生振荡。(　　)

3.【2020】调谐放大器对谐振频率为 f_0 的信号放大能力最强，适用于选频放大。(　　)

■ **了解调谐与检波、调频与鉴频等概念。**

1.【2016】如图所示，完善超外差式收音机电路的组成框图。

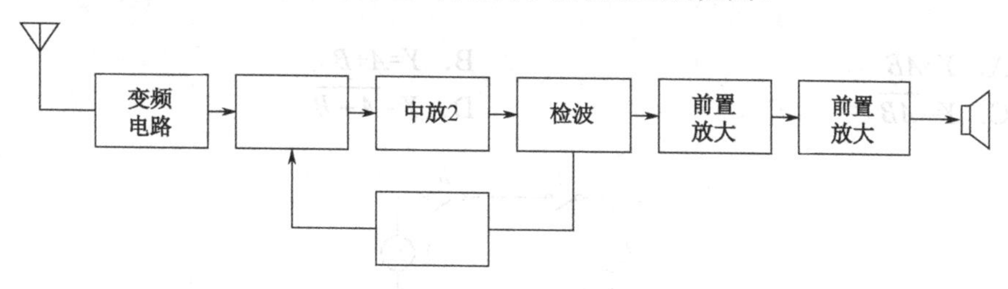

第四单元

■ **理解模拟信号与数字信号的区别，了解脉冲波形的主要参数。**

1.【2015】数字信号比模拟信号抗干扰能力更强。(　　)

2.【2019】集成电路 DAC0808 的功能是将模拟信号转换为数字信号。(　　)

3.【2016】D/A 转换器可将模拟量转换为数字量。(　　)

■ **掌握常用逻辑门电路的逻辑功能，掌握逻辑函数的化简方法。**

1.【2014】与门电路的逻辑功能是（　　）。

A. 全高为高，有低为低

B. 全低为低，有高为高

C. 全低为高，有高为高

D. 有低为高，全高为高

2.【2015】下列逻辑函数运算正确的是（　　）。

A. $A+A=2A$　　　　B. $1+A=1$

C. $A \cdot A = A^2$　　D. $1 \cdot A = 1$

3.【2016】下图所示为二极管构成的或门电路，欲使输出信号 Y 为低电平，则输入信号 A、B 为（　）。

A. 0、0　　B. 0、1

C. 1、0　　D. 1、1

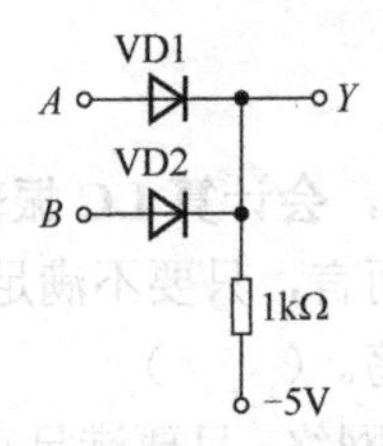

4.【2017】要使“与非”运算结果是逻辑 0，则其输入必须（　　）。

A. 全部输入 0　　B. 任一输入 0

C. 仅一输入 0　　D. 全部输入 1

5.【2017】下图所示为两开关 A、B 控制灯 Y 的电路，则灯亮与开关闭合的逻辑关系为（　　）。

A. $Y=AB$　　B. $Y=A+B$

C. $Y=\overline{AB}$　　D. $Y=\overline{A+B}$

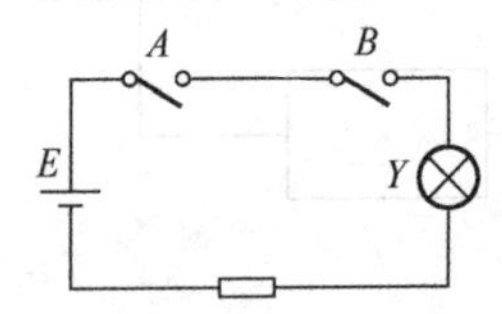

6.【2019】8421BCD 码 00110001 转换为十进制数是（　　）。

A. 13　　B. 31　　C. 35　　D. 49

7.【2020】或非门电路的逻辑表达式为（　　）。

A. $Y=AB$　　B. $Y=A+B$　　C. $Y=\overline{AB}$　　D. $Y=\overline{A+B}$

8.【2020】将十进制数 36 转换为 8421BCD 码是（　　）。

A. 00000110　　B. 00110110　　C. 01100100　　D. 01100110

■ 掌握逻辑图、逻辑表达式、真值表之间的转换方法。

1.【2015】根据逻辑表达式 $Y=A(B+C)$，画出用与门、或门实现的逻辑图。

2.【2016】下表所示为输入端 A、B 和输出端 Y 对应的逻辑真值表，则输入信号 A、B 与输出信号 Y 的逻辑表达式为__________。

A	B	Y
0	0	0
0	1	0
1	0	0
1	1	1

■ **掌握组合逻辑电路的设计与分析方法。**

1.【2014】某同学参加课程考试，规定如下：文化课程（A）及格得 2 分，不及格得 0 分；专业理论课程（B）及格得 3 分，不及格得 0 分；专业技能课程（C）及格得 5 分，不及格得 0 分。若总分大于 6 分则可顺利过关（Y）。试根据上述内容完成：

（1）提出逻辑假设；（2）列出真值表；（3）写出逻辑表达式并化简；（4）画出完成上述功能的逻辑图。

2.【2018】某中职学校的电子技能课程采用项目化考核，共有三个考核项目 A、B、C，课程考核结果用 Y 表示，规定如下：三个考核项目中有两个或者两个以上考核合格，认定该课程合格，否则该课程不合格。设考核项目合格为 1，否则为 0；课程考核合格为 1，否则为 0。请根据上述内容完成：

（1）列出真值表；

（2）根据真值表写出逻辑表达式，并化简为最简与或式。

3.【2019】根据下图所示组合逻辑电路，请完成以下要求：

（1）根据逻辑图写出逻辑表达式，并化简为最简与或式；

（2）根据逻辑表达式列出真值表；

（3）根据真值表分析出该电路的逻辑功能。

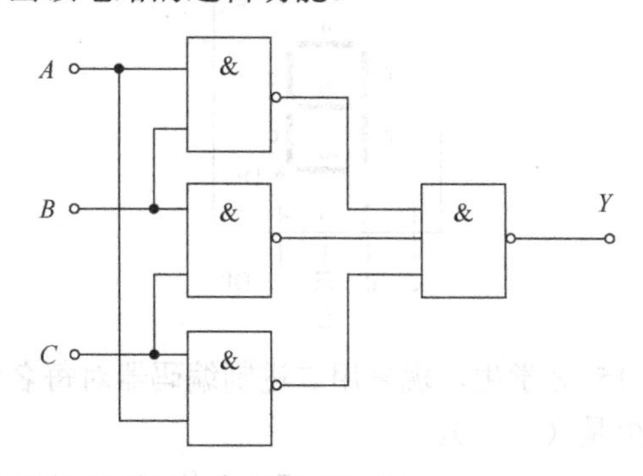

4.【2020】根据下图所示逻辑电路完成以下要求：

（1）分别写出 Y_1、Y_2、Y_3、Y_4 的逻辑表达式；

（2）将 Y_4 表达式化简为最简“与或”式。

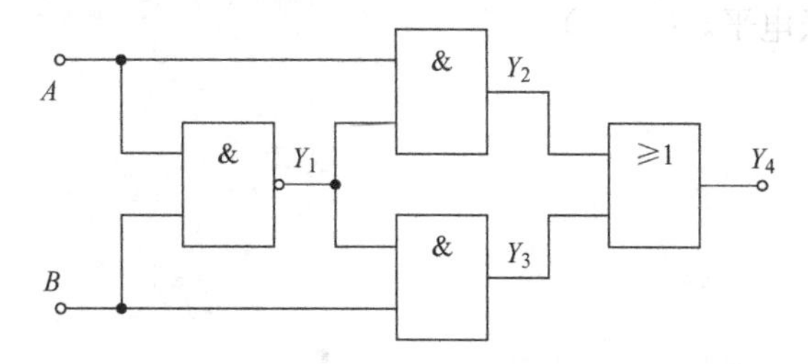

5.【2019】下列属于组合逻辑电路的器件的是（　　）。

A. 计数器　　B. 寄存器

C. 触发器　　D. 编码器

■理解编码器和译码器的工作过程。

1.【2015】编码器在任何时刻只能对一个输入信号进行编码。（　　）

2.【2015】如图所示的数码管采用共阴极接法，若仅 a、b、c、d、g 端输入高电平，则数码管显示的数字为（　　）。

A. 1　　B. 2

C. 3　　D. 4

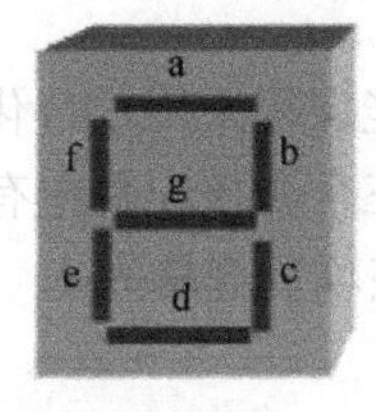

3.【2016】共阴极接法的数码管需选用有效输出为低电平的显示译码器来驱动。（　　）

4.【2017】如图所示的共阳极接法的数码管，若仅 a、b、d、e、g 端输入低电平，则数码管显示的数字为________。

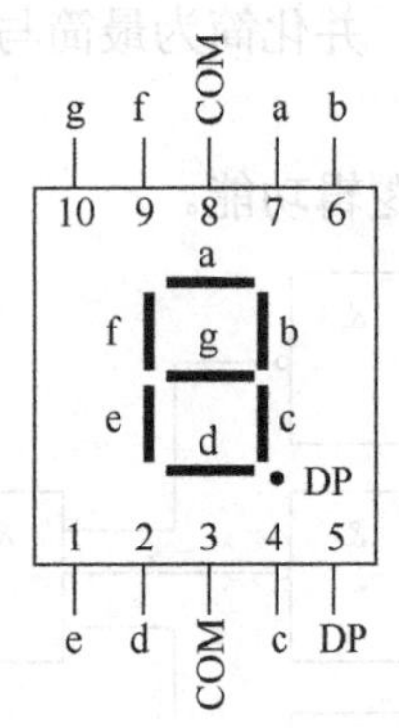

5.【2018】某班级有 15 名学生，现采用二进制编码器对每名学生进行编码，则编码器输出二进制代码的位数至少是（　　）。

A. 1 位　　B. 2 位

C. 3 位　　D. 4 位

6.【2018】如图所示的 LED 共阴数码管，若要显示“7”，数码管 a、b、c 端应分别输入高电平，其余端均为低电平。（　　）

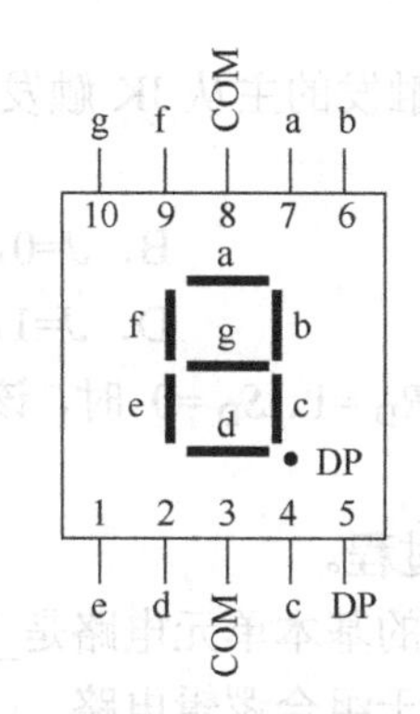

7．【2020】如图所示的 LED 共阴数码管，若数码管 b、c 端输入高电平，其余端输入低电平，则数码管显示的数字为________。

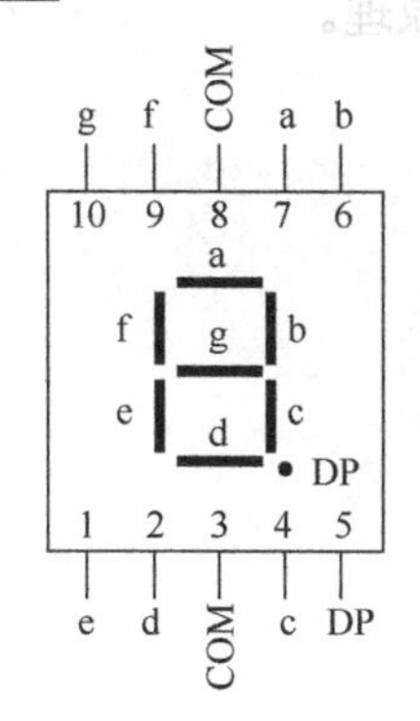

■ **掌握 RS 触发器、同步 RS 触发器、JK 触发器、D 触发器的逻辑功能。**

1．【2014】如图所示是 D 触发器输入波形，请画出输出端 Q 的波形。（上升沿触发，设 Q 的原始状态为 0）

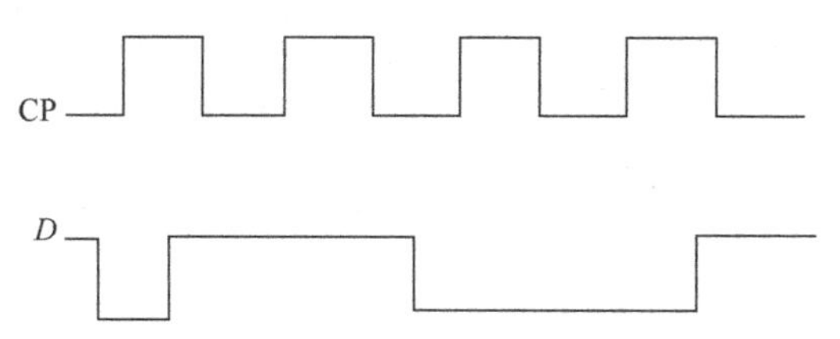

2．【2016】下图所示为边沿 JK 触发器，$\overline{S_D}=1$，$\overline{R_D}=1$，$J=1$，$K=1$，在时钟脉冲 CP 下降沿作用后，触发器的输出端 Q 将（　　）。

A．置 0　　　　B．置 1

C．状态发生翻转　　　　D．处于保持状态

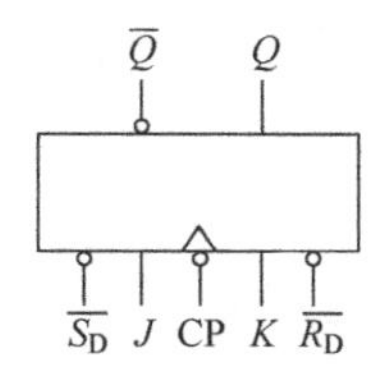

3．【2017】在边沿 D 触发器中，$\overline{S_D}=1$，$\overline{R_D}=1$，$D=1$，在时钟脉冲 CP 上升沿作用后，触发器的输出端 Q 将置 0。（　　）

4.【2018】时钟脉冲 CP 下降沿触发的主从 JK 触发器，若要使输出功能为“保持”，则输入信号 J、K 的条件是（　　）。

A．J=0，K=0　　　　B．J=0，K=1

C．J=1，K=0　　　　D．J=1，K=1

5.【2019】当基本 RS 触发器的 R_D =1、S_D =0 时，该触发器的输出状态为“1”。（　　）

■ **理解寄存器和计数器的工作过程。**

1.【2019】构成寄存器、计数器的基本单元电路是__________。

2.【2020】译码器和寄存器均属于组合逻辑电路。（　　）

■ **了解脉冲波形的产生与变换原理。**

综合检测卷（一）

一、选择题（每题 2 分，共 30 分）

1．二极管两端加上正向电压时，（　　）。

A．一定导通　　B．超过死区电压才能导通

C．超过 0.7V 才能导通　　D．超过 0.3V 才能导通

2．触发器与组合逻辑电路比较，（　　）。

A．两者都有记忆能力　　B．只有组合逻辑电路有记忆能力

C．只有触发器有记忆能力　　D．两者都没有记忆能力

3．下列关于电流并联负反馈对放大器的影响，正确的是（　　）。

A．能稳定放大器的输出电压，减小输入电阻

B．能稳定放大器的输出电压，增大输入电阻

C．能稳定放大器的输出电流，减小输入电阻

D．能稳定放大器的输出电流，增大输入电阻

4．正弦波振荡电路如下图所示，其振荡频率为（　　）。

A．$f_0=\frac{1}{2\pi RC}$　　B．$f_0=\frac{1}{2\pi\sqrt{RC}}$

C．$f_0=2\pi\sqrt{RC}$　　D．$f_0=RC$

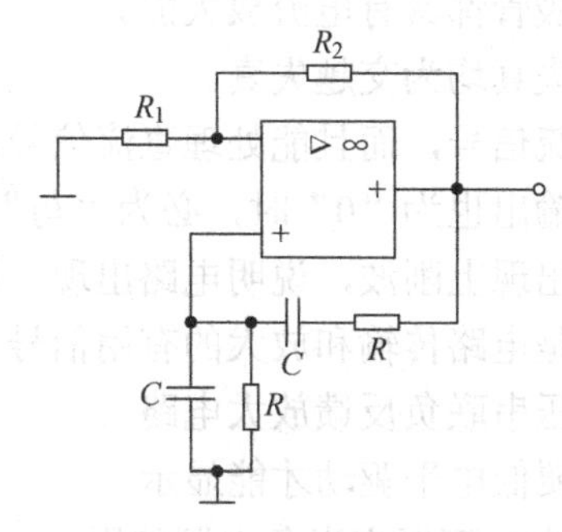

5．多谐振荡器有（　　）。

A．两个稳定状态　　B．一个稳定状态，一个暂稳态

C．两个暂稳态　　D．记忆二进制数的功能

6．稳压管构成的稳压电路，其接法是（　　）。

A．稳压二极管与负载电阻串联
B．稳压二极管与负载电阻并联
C．限流电阻与稳压二极管串联后，负载电阻再与稳压二极管并联

7．抑制温漂（零漂）最常用的方法是采用（　　）。
A．差分放大电路　　B．正弦波振荡电路
C．基本放大电路　　D．分压式偏置电路

8．RS 触发器不具备（　　）功能。
A．置 1　　B．置 0　　C．保持　　D．翻转

9．能将输入信息转变为二进制代码的电路称为（　　）。
A．编码器　　B．译码器　　C．数据选择器　　D．数据分配器

10．JK 触发器在时钟脉冲作用下，触发器状态由 0 变为 1，其输入信号可能为（　　）。
A．J=0，K=0　　B．J=1，K=0　　C．J=0，K=1　　D．不确定

11．以下表达式中符合逻辑运算法则的是（　　）。
A．$C \cdot C = C^2$　　B．$1 + 1 = 10$　　C．$0 < 1$　　D．$A + 1 = 1$

12．已知放大电路中三个引脚对地的电位分别是 0V、0.7V、6V，则该三极管是（　　）型。
A．NPN　　B．PNP　　C．N　　D．P

13．5 位二进制数能表示十进制数的最大值是（　　）。
A．31　　B．32　　C．10　　D．5

14．乙类功率放大电路比单管甲类功率放大电路（　　）。
A．输出电压高　　B．输出电流大　　C．效率高　　D．功率低

15．阻容耦合多级放大器（　　）。
A．只能传递直流信号　　B．只能传递交流信号
C．交、直流信号都能传递　　D．交、直流信号都不能传递

二、判断题（每题 2 分，共 30 分）

1．无论在任何情况下，三极管都具有电流放大能力。（　　）
2．普通放大电路中存在的失真均为交越失真。（　　）
3．集成运放不但能处理交流信号，而且能处理直流信号。（　　）
4．输入全为低电平“0”，输出也为“0”时，必为“与”逻辑关系。（　　）
5．共射放大电路输出波形出现上削波，说明电路出现了饱和失真。（　　）
6．共模信号和差模信号都是电路传输和放大的有用信号。（　　）
7．射极输出器是典型的电压串联负反馈放大电路。（　　）
8．共阴极结构的显示器需要低电平驱动才能显示。（　　）
9．OTL 功放电路中，耦合电容可以充当负电源使用。（　　）
10．在直流电路中，电容相当于开路。（　　）
11．多级放大器总的电压放大倍数为各级电压放大倍数之和。（　　）
12．同步 RS 触发器具有翻转功能。（　　）
13．A/D 转换器能将模拟量转换成数字量。（　　）

14．光敏二极管和发光二极管使用时都应接反向电压。（　　）

15．在共射放大电路中，输出电压与输入电压同相。（　　）

三、填空题（每题 2 分，共 20 分）

1．设计典型 OTL 功放电路的额定输出功率为 10W，负载阻抗为 5Ω，要使负载上得到额定输出功率，则电源电压应为________。

2．要想稳定放大器的静态工作点，应引入______反馈。

3．逻辑函数 $Y = ABCD + \overline{A} + \overline{B} + \overline{C} + \overline{D}$ ________。

4．$(110110)_2=(\_\_\_\_\_\_)_{10}$。

5．振荡器由放大器、正反馈网络和_______组成。

6．某放大器的输入电压为 50mV，输出电压为 5V，则放大器的电压放大倍数为______。

7．三极管基极电流 I_B 的微小变化，将会引起集电极电流 I_C 的较大变化，这说明三极管具有______________作用。

8．工作在截止和饱和状态的三极管可作为_______器件。

9．在共射放大电路中，输出电压 u_o 和输入电压 u_i 相位_______。

10．影响放大电路静态工作点稳定的主要原因是_______。

四、综合题（每题 10 分，共 20 分）

1．如图所示电路中，已知电阻 $R_f=5R_1$，输入电压 $U_i=5mV$，求输出电压 U_o。

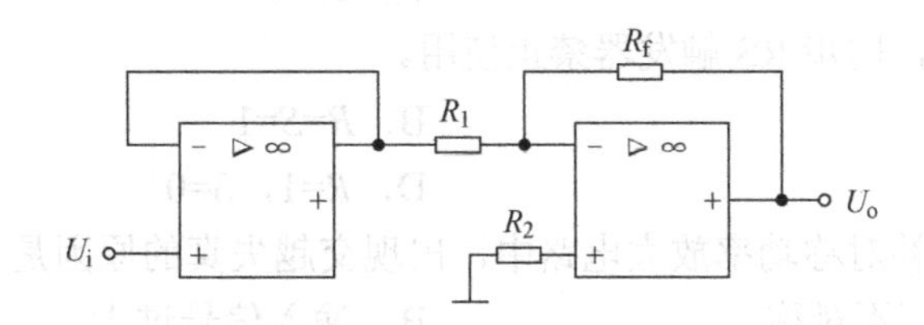

2．用与非门设计一个组合逻辑电路，完成如下功能：只有当三个裁判（包括裁判长）或裁判长和一个裁判认为杠铃已举起并符合标准时，按下按键，使灯亮（或铃响），表示举重成功，否则，表示举重失败。

综合检测卷（二）

一、选择题（每题 2 分，共 30 分）

1．放大器能把输入信号放大，其放大实质是（　　）。

A．三极管把交流能量放大

B．三极管把小能量放大

C．把直流电源提供的能量转换成交流信号

D．放大器不消耗能量

2．锗二极管的死区电压约为（　　）。

A．0.1V　　B．0.3V

C．0.5V　　D．0.7V

3．当（　　）时，同步 RS 触发器禁止使用。

A．R=S=0　　B．R=S=1

C．R=0，S=1　　D．R=1，S=0

4．乙类双电源互补对称功率放大电路中，出现交越失真的原因是（　　）。

A．两个三极管不对称　　B．输入信号过大

C．输出信号过大　　D．两个三极管的发射结偏置为零

5．放大器的输出电阻 R_o 越小，（　　）。

A．带负载能力越强　　B．带负载能力越弱

C．放大倍数越低　　D．通频带越宽

6．三极管处于放大状态的条件是（　　）。

A．发射结反偏集电结正偏　　B．发射结正偏集电结反偏

C．发射结反偏集电结反偏　　D．发射结正偏集电结正偏

7．单相桥式整流电路输出电压平均值为 U_o=18V，则变压器次级电压为（　　）。

A．45V　　B．20V

C．18V　　D．15

8．七段显示译码器共阴极的电平为 1111001，则显示的数字为（　　）。

A．2　　B．3

C．4　　D．5

9．在放大电路中，若电路的静态工作点太低，则将会产生（　　）。

A．饱和失真　　B．交越失真
C．截止失真　　D．不产生失真

10．正弦波振荡器中正反馈网络的作用是（　　）。
A．保证电路满足相位平衡条件
B．提高放大器的放大倍数
C．使振荡器产生单一频率的正弦波
D．保证电路满足幅度平衡条件

11．差分放大电路的作用是（　　）。
A．放大共模和差模信号
B．直接耦合放大器
C．放大差模信号，抑制共模信号
D．放大共模信号，抑制差模信号

12．下列属于数字信号的是（　　）。
A．声音信号　　B．正弦波信号
C．脉冲信号　　D．交流信号

13．时序逻辑电路中具有记忆功能的部件是（　　）。
A．触发器　　B．与非门
C．或非门　　D．逻辑门电路

14．满足$I_C=\beta I_B$的关系时，三极管工作在（　　）。
A．饱和区　　B．放大区　　C．截止区　　D．击穿区

15．射极输出器是典型的（　　）放大器。
A．电压串联负反馈　　B．电流串联负反馈
C．电压并联负反馈　　D．电流并联负反馈

二、判断题（每题2分，共30分）

1．放大电路设置静态工作点的目的是克服失真。（　　）
2．共阳数码管需要高电平驱动。（　　）
3．当三极管的基极电流I_B=0时，三极管处于截止状态。（　　）
4．触发器是时序逻辑电路的基本单元。（　　）
5．理想集成运放的开环差模放大倍数为无穷大。（　　）
6．OTL功放是双电源供电的。（　　）
7．数字信号比模拟信号抗干扰能力强，保密性好。（　　）
8．与门的逻辑功能为：有0出0，全1出1。（　　）
9．振荡器引入正反馈时，电路必然产生自激振荡。（　　）
10．数字电路中0和1不表示数值大小，而表示相反的两种状态。（　　）
11．数码寄存器具有存储功能。（　　）
12．用与非门也能实现非运算。（　　）
13．译码器的功能是将二进制还原成给定的信号符号。（　　）
14．放大器的输入电阻越小越好，输出电阻越大越好。（　　）

15．固定偏置放大电路的工作稳定性较差，实用性不强。（ ）

三、填空题（每题 2 分，共 20 分）

1．在运放电路中，运放两输入端的电位相等，由于它们并没有真正连接在一起，因此这种现象称为______________。

2．如果共阴数码管的 a、b、c 输入端为高电平，其余端为低电平，数码管显示______。

3．__________能实现“有 0 则 1，全 1 为 0”的逻辑功能。

4．PNP 型三极管工作在放大状态时，三个电极的电位关系是_________。

5．桥式整流电路是利用二极管_______特性来实现整流作用的。

6．单管共射放大电路中的发射极电容的作用为_________。

7．在实际应用中，为了稳定放大电路的静态工作点，常采用_________放大电路。

8．在电子电路中，将输出量的一部分或全部通过一定的电路形式馈送给输入回路，与输入信号一起共同作用于放大器的输入端，称为_________。

9．十进制数 47 的 8421BCD 码是_________。

10．三极管工作在放大状态时，其集电极电流与基极电流的关系是______________。

四、综合题（1、2 题每题 5 分，3 题 10 分，共 20 分）

1．如图所示，设 U_2=10V，求 S 断开和闭合时输出电压 U_o 的值。

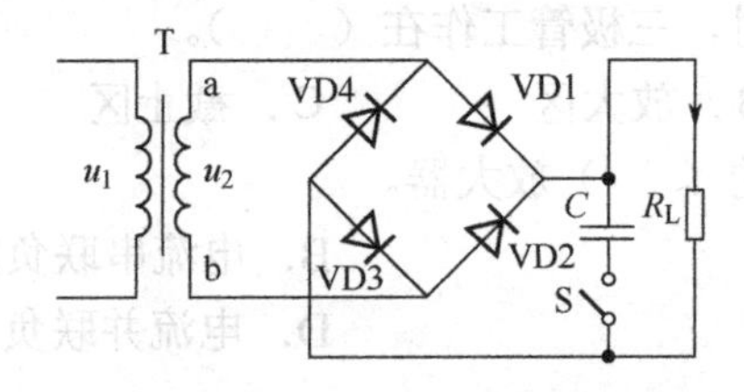

2．用公式法将下列函数化简成最简与或表达式。

$Y=\overline{AB}C+\overline{A}BC+ABC+AB\overline{C}$

3．分析下图电路的逻辑功能，要求：写出输出信号 Y 的逻辑表达式，列出真值表，并说明电路逻辑功能的特点。

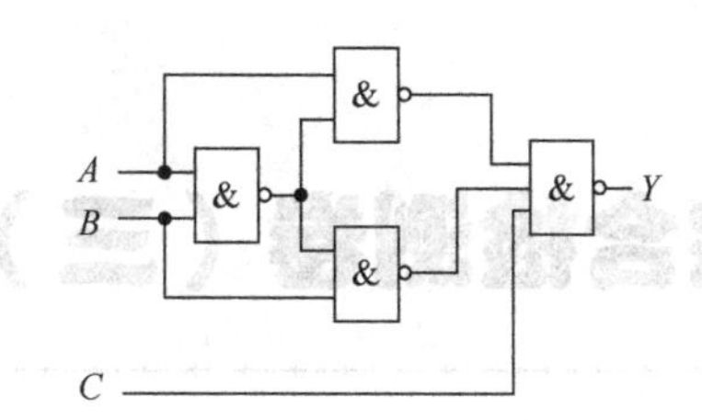

综合检测卷（三）

一、选择题（每题 2 分，共 30 分）

1．在负反馈放大器中，要求电路既能稳定输出电压，减小输出电阻，又具有较高的输入电阻，应采用（　　）负反馈。

A．电流串联　　B．电流并联　　C．电压串联　　D．电压并联

2．在基本共射放大器中，产生饱和失真的波形为（　　）。

A．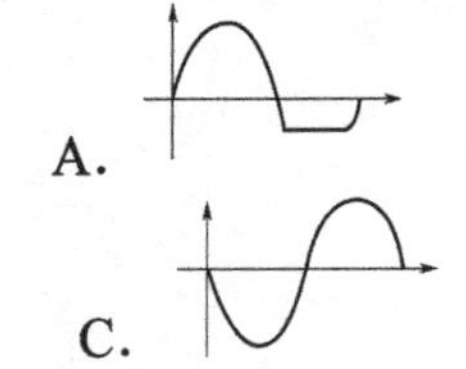

B．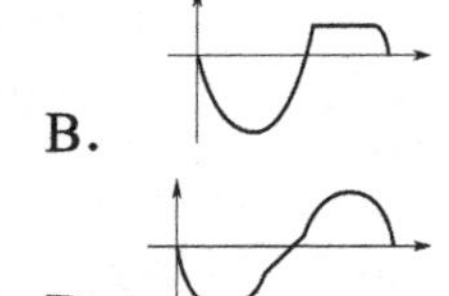

C．

D．

3．如图所示三极管为硅管，处于正常放大状态的是（　　）。

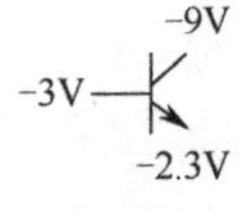

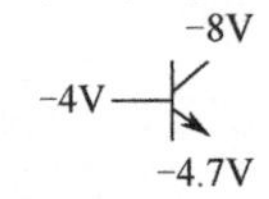

A．　　B．　　C．　　D．

4．在桥式整流电容滤波电路中，变压器次级电压 $u_2 = 12\sqrt{2}\sin(\omega t + 30^\circ)$ V，在带负载情况下，输出电压 U_o 为（　　）V。

A．5.4　　B．10.8　　C．12　　D．14.4

5．在 OTL 电路中，电源电压为 8V，负载为 2Ω，则它的最大输出功率为（　　）。

A．1W　　B．2W　　C．3W　　D．4W

6．集成运放的输入级一般采用的电路是（　　）。

A．功放电路　　B．整流电路　　C．差分放大电路　　D．滤波电路

7．放大器引入负反馈后，放大器的频带（　　）。

A．不变　　B．变宽　　C．变窄　　D．变宽或变窄

8．优先编码器同时有两个信号输入时，是按（　　）进行编码的。

A．高电平　　B．低电平

C．优先级高的一个　　D．输入频率较高的一个

9．同步 RS 触发器的触发方式为（　　）。

A．高电平　　B．低电平　　C．上升沿　　D．下降沿

10．逻辑表达式 $Y=ABC+AB+CD+EF+1$ 化简后为（　）。

A．$AB+CD$　　B．$AB+EF$　　C．1　　D．0

11．对于射极输出器的特点，结论正确的是（　）。

A．输出电压与输入电压相位相反　　B．输入电阻小

C．电压放大倍数约小于 1　　D．输出电阻大

12．在固定偏置放大电路中，若测得 $U_{CE}=V_{CC}$，则可以判断三极管处于（　）状态。

A．放大　　B．饱和　　C．截止　　D．短路

13．鉴频的作用是将调频信号变换成原来的（　）信号。

A．高频　　B．调制　　C．载波　　D．辅助

14．组合逻辑电路是由（　）构成的。

A．门电路　　B．触发器　　C．门电路和触发器　D．计数器

15．在（　）的情况下，函数 $Y=\overline{A+B}$ 运算的结果是逻辑“1”。

A．全部输入是“0”　　B．任一输入是“0”

C．任一输入是“1”　　D．全部输入是“1”

二、判断题（每题 2 分，共 30 分）

1．只要给二极管外加正偏电压，二极管就会导通。（　）

2．从二极管的伏安特性曲线可知，它的电压电流关系满足欧姆定律。（　）

3．在基本共射放大电路中，若偏置电阻 R_b 增大，则三极管的 I_{CQ} 减小。（　）

4．三极管的穿透电流越小，表明稳定性越差。（　）

5．放大器加入正反馈就能产生自激振荡。（　）

6．“虚短”是指集成运放的两个输入端电位无限接近，但又不是真正短路的特点。（　）

7．在数字电路，采用的数码“0”“1”表示不同的两种状态。（　）

8．半波整流电路中，$U_o=U_2$。（　）

9．将数字信号转换为模拟信号的电路称为模数转换电路，用 A/D 表示。（　）

10．光敏二极和发光二极管都工作在反向截止区。（　）

11．所有 D 触发器的触发方式都为低电平。（　）

12．OTL 电路和 OCL 电路都采用双电源供电。（　）

13．稳压管开始反向击穿时，PN 结会损坏。（　）

14．时序逻辑电路的特点是在任何时刻的输出不仅和输入有关，而且还取决于电路原来的状态。（　）

15．逻辑函数的表示方法中，真值表是唯一的。（　）

三、填空题（每题 2 分，共 20 分）

1．CW7906 表示输出电压为______V 的三端集成稳压器。

2．为了有效地抑制零点漂移，常采用______电路作为集成运放的前置输入级。

3．在共阳极数码显示器中，可以用输出______电平有效的译码器驱动。

4．功率放大器通常位于多级放大器的________，其任务是将前级电路的电压信号进行功率放大。

5．一个PNP型三极管在电路中正常工作，现测得$V_{BE}>0$、$V_{BC}<0$、$V_{CE}>0$，则此管工作在________区。

6．在_____触发器中会出现空翻现象。

7．温度升高时，三极管的穿透电流I_{CEO}和放大倍数β都将______。

8．如果需要将边沿JK触发器置1，则J=______，K=______。

9．某半导体数码管为共阳极型，在a～h端加上______电平时有效，对应二极管发光并显示相应数码。

10．同步RS触发器是用CP脉冲来控制其翻转的，当触发器翻转时，CP处于____。

四、综合题（每题10分，共20分）

1．下图所示放大电路，已知R_{b1}=40kΩ，R_{b2}=20kΩ，R_c=1kΩ，R_e=1kΩ，R_L=8kΩ，E_C=24V，β=100，U_{BEQ}=0.7V，求：

（1）三极管的基极电位U_{BQ}、发射极电位U_{EQ}；

（2）电路的静态工作点I_{BQ}、I_{CQ}和U_{CEQ}。

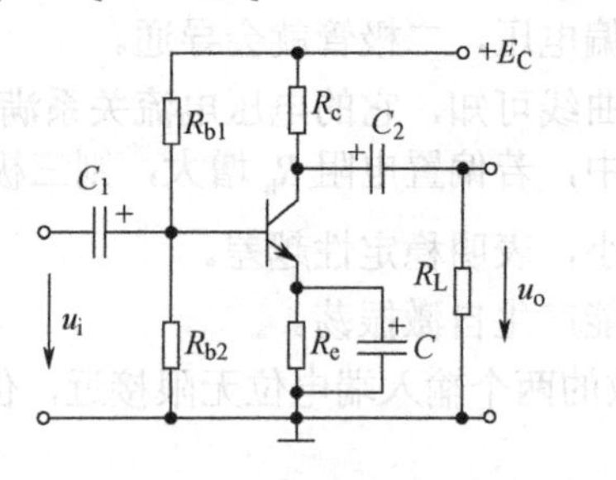

2．用与非门设计一个交通报警控制电路。交通信号灯有红、绿、黄3种，3种灯分别单独工作或黄、绿灯同时工作时属正常情况，其他情况均属故障，出现故障时输出报警信号。

综合检测卷（四）

一、选择题（每题 2 分，共 30 分）

1．在正弦波振荡器中，选频电路的主要作用是（　　）。

A．保证振荡器满足幅度平衡条件，能持续输出振荡信号

B．保证电路满足相位平衡条件

C．把外界的影响减弱

2．三极管作为开关器件使用时，它的工作状态是（　　）。

A．截止或饱和　　B．截止或放大　　C．放大或饱和

3．测得一只二极管的正负极间的电压为 3.6V，则该二极管（　　）。

A．正常工作　　B．被击穿

C．内部断路　　D．不能判定

4．某桥式整流电容滤波电路中，若变压器二级电压有效值为 10V，现测得输出电压为 14.1V，则说明（　　）。

A．滤波电容开路　　B．负载开路

C．滤波电容击穿短路　　D．其中一只二极管损坏

5．在桥式整流电路中，有一只二极管短路，则（　　）。

A．变成半波整流，可以工作　　B．仍为全波整流，可以工作

C．负载电流为零，很危险　　D．相当于负载短路，很危险

6．在放大器中，引入直流负反馈，说法正确的是（　　）。

A．稳定输出电压　　B．稳定输出电流

C．性能不变　　D．静态工作点稳定性好

7．一只 PNP 型三极管在电路中正常工作，现测得 $V_{BE}>0$，$V_{BC}<0$，$V_{CE}>0$，则此管工作区为（　　）。

A．放大区　　B．饱和区　　C．击穿区　　D．截止区

8．ADC 的功能是（　　）。

A．将模拟信号转换成数字信号　　B．将数字信号转换成模拟信号

C．将非电信号转换成模拟信号　　D．将模拟信号转换成非电信号

9．下列触发器中会出现空翻现象的是（　　）。

A．基本 RS 触发器　　B．同步 RS 触发器

C. 主从 JK 触发器　　D. 边沿 JK 触发器

10. 在三种组态的放大电路中，输入电阻小，输出电阻较大的是（　　）。

A. 共发射极放大电路　　B. 共基极放大电路

C. 共集电极放大电路　　D. 无法确定

11. 根据反馈信号与输入信号的连接方式，反馈可分为（　　）。

A. 直流反馈与交流反馈　　B. 正反馈与负反馈

C. 串联反馈与并联反馈　　D. 电压反馈与电流反馈

12. 同步 RS 触发器是用 CP 脉冲来控制其翻转的，当触发器翻转时，CP 脉冲处于（　　）。

A. 下降沿　　B. 上升沿

C. 高电平　　D. 低电平

13. D 触发器具有的逻辑功能是（　　）。

A. 保持、记数　　B. 屏驱

C. 置 1、记数　　D. 置 1、置 0

14. 触发器与组合逻辑门电路相比较，（　　）。

A. 两者都有记忆能力　　B. 只有组合逻辑电路有记忆能力

C. 只有触发器有记忆能力　　D. 两者都没有记忆能力

15. 下列电路中属于时序逻辑电路的是（　　）。

A. 计数器　　B. 编码器

C. 译码器　　D. 显示译码器

二、判断题（每题 2 分，共 30 分）

1. 多级放大器总的电压放大倍数为各级电压放大倍数之和。（　　）

2. 射极输出器是一种共发射极电路，它不能放大电压。（　　）

3. 与非门电路的逻辑功能为“有 1 出 1，全 0 出 0”。（　　）

4. 用万用表的欧姆挡测量被测电阻时，被测电阻允许带电。（　　）

5. 差分放大电路的共模抑制比越大，电路放大共模信号的能力越强。（　　）

6. 温度升高时，三极管的穿透电流 I_{CEO} 将减小。（　　）

7. 一般来说，硅二极管的死区电压小于锗二极管的死区电压。（　　）

8. 三极管的发射极电流等于集电极电流与基极电流之和。（　　）

9. 固定偏置放大电路的工作稳定性不好，所以实用性不好。（　　）

10. 分析运放的两个重要的依据是“虚短”和“虚断”。（　　）

11. 电路中某三极管，如果当 I_B 从 12μA 增大到 22μA 时，I_C 从 1mA 变为 2mA，那么可以确定它的 β 值为 100。（　　）

12. 正弦波振荡电路中的反馈网络，只要满足正反馈电路就一定能产生振荡。（　　）

13. 触发器是具有记忆功能的逻辑部件。（　　）

14. “有 0 出 0，全 1 出 1”属于与逻辑。（　　）

15. 逻辑函数 $Y=AB+A=A$。（　　）

三、填空题（每题 2 分，共 20 分）

1．半导体二极管具有__________________特性。

2．在实际中，为了稳定放大电路的静态工作点，常采用__________________电路。

3．在运放电路中，运放两输入端的电位相等，由于它们并没有真正连接在一起，因此这种现象称为_______________。

4．在数字电路中，二进制数转换成十进制数的方法是__________________。

5．某 OCL 功率放大器，电源电压 E_C=12V，负载电阻 R_L=8Ω，其最大输出功率 P=________W。

6．在同相比例运算放大电路中，输出电压为 2V，反相端输入电阻 R=4kΩ，同相端输入电阻 R'=8kΩ，R_f=16kΩ，则输入信号的电压大小为______V。

7．在共阳极数码显示器中，可以用输出______电平有效的译码器驱动。

8．已知三极管工作在线性放大区，各电极对地电位如右图所示，则该三极管为___________型___________三极管。

−5V

−0.3V　0V

9．某硅二极管的正极电位为 3.7V，负极电位为 3V，表明该二极管工作于______状态。

10．在共射放大电路中，若静态工作点位置选得过高，则将引起____失真。

四、综合题（每题 10 分，共 20 分）

1．如下图所示，设三极管的 β=60，R_1=600kΩ，R_2=4kΩ，V_{CC}=9.7V，设 U_{BEQ}=0.7V。

（1）画出直流通路；

（2）求静态工作点 I_{BQ}、I_{CQ}、U_{CEQ}。

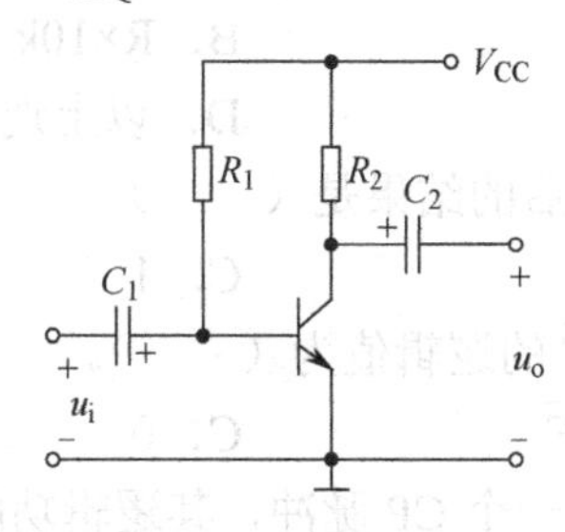

2．某设备有开关 A、B、C，要求：只有开关 A 接通的条件下，开关 B 才能接通；开关 C 只有在开关 B 接通的条件下才能接通。若违反这一规则，则发出报警信号。设计一个由与非门组成的能实现这一功能的报警控制电路。

综合检测卷（五）

一、选择题（每题 2 分，共 30 分）

1．当三极管发射结反偏，集电结反偏时，三极管的工作状态是（　　）。

A．放大状态　　B．饱和状态

C．截止状态　　D．无法判定

2．三极管基极电流 I_B、集电极电流 I_C 和射极电流 I_E 的关系是（　　）。

A．$I_E=I_B+I_C$　　B．$I_E=I_B-I_C$

C．$I_E=I_C-I_B$　　D．$I_C=I_B+I_E$

3．基本 RS 触发器电路中，触发脉冲消失后，其输出状态（　　）。

A．恢复原状态　　B．保持现状态

C．出现新状态　　D．都有可能

4．用万用表的欧姆挡测小功率三极管的好坏时，应选择的挡位为（　　）。

A．R×100 或 R×1k　　B．R×10k

C．R×1　　D．以上选项都正确

5．逻辑表达式 $Y=A+A$，化简后的结果是（　　）。

A．$2A$　　B．A　　C．1　　D．A^2

6．逻辑表达式 $Y=EF+\overline{E}+\overline{F}$ 的逻辑值为（　　）。

A．EF　　B．$\overline{EF}$　　C．0　　D．1

7．D 触发器在 D=1 时，输入一个 CP 脉冲，其逻辑功能是（　　）。

A．置 1　　B．清零

C．保持　　D．翻转

8．在下图电路中，设二极管为硅管，正向压降为 0.7V，则 Y=（　　）。

+10V
R
0V　Y
3V

A．0.7V　　B．3.7V　　C．10V　　D．1.5V

9．基本放大器的电压放大倍数 $A_u=\dfrac{U_o}{U_i}$，当输入电压为 10mV 时，测得输出电压为

500mV，则电压放大倍数是（　　）。

A．10　　B．50　　C．500　　D．100

10．在同相比例运算电路中，负反馈电阻 R_f=0 时，电路为（　　）。

A．反相比例运算电路　　B．电压跟随电路

C．加法电路　　D．减法电路

11．下图所示为三极管各个电极的对地电位，则该管工作于（　　）。

A．放大区　　B．饱和区

C．截止区　　D．无法确定

6V
1.7V
1V

12．一个触发器可以存放（　　）。

A．4 位二进制数　　B．2 位二进制数

C．多位二进制数　　D．1 位二进制数

13．构成计数器的基本电路是（　　）。

A．或非门　　B．与非门

C．与或非门　　D．触发器

14．三极管工作在饱和状态时，它的 I_C 将（　　）。

A．随 I_B 增加而增加　　B．随 I_B 增加而减小

C．与 I_B 无关，只决定于 R_e 和 V_G

15．在单管放大电路中，为了使工作于饱和状态的三极管进入放大状态，可采用的办法是（　　）。

A．减小 I_B　　B．增大 V_G 的绝对值

C．减小 R_c

二、判断题（每题 2 分，共 30 分）

1．单相二极管整流电路中，流过每只二极管的平均电流与流过负载的平均电流总是相等的。（　　）

2．射极输出器为共集电极放大电路，它的输出电阻大，输入电阻小。（　　）

3．多级阻容耦合放大电路的通频带和增益都比单级阻容耦合放大器大。（　　）

4．集成运放是具有高增益、低零漂的多级直流放大器。（　　）

5．可用不同的逻辑电路图实现同一逻辑功能。（　　）

6．下图所示的 LED 共阴数码管，若要显示“7”，则数码管 a、b、c 端应分别输入高电平，其余端均为低电平。（　　）

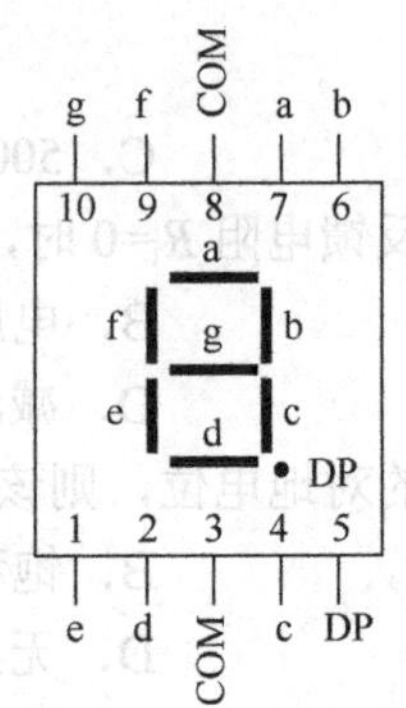

7．输入电压不变的情况下，桥式整流电路加上滤波电容后，整个电路的输出电压升高。（　　）

8．单管放大电路采用分压式偏置方式，主要目的是提高输入电阻。（　　）

9．负反馈使放大器的失真减小，电压放大倍数增大。（　　）

10．“虚短”是指集成运放的两个输入端短路，两个输入端的电位完全相等。（　　）

11．触发器有两个稳定状态，在外界输入信号的作用下，可以从一个稳定状态转变为另一个稳定状态。（　　）

12．组合逻辑电路的逻辑功能可用逻辑图、真值表、逻辑表达式等方法来描述，它们在本质上是相通的，可以互相转换。（　　）

13．组合逻辑门电路没有记忆功能。（　　）

14．设逻辑表达式 $AB=AC$，则 $B=C$。（　　）

15．因为负载电阻接在输出回路中，所以它是放大器输出电阻的一部分。（　　）

三、填空题（每题 2 分，共 20 分）

1．桥式整流电路中，设电源变压器次级绕组输出的交流电压有效值 $U_2=20\text{V}$，则负载 R_L 上得到的直流电压 $U_L=$______。

2．用万用表测量二极管的正向电阻时，黑表笔接二极管的_____极，红表笔接二极管的_____极。

3．两级阻容耦合放大电路，第一级的电压放大倍数是 50，第二级的电压放大倍数是 20，则总电压放大倍数为_______。

4．“与”逻辑功能可概括为_______________。

5．触发器是具有____功能的逻辑部件，是组成____逻辑电路的基本单元电路。

6．放大电路中，三极管三个电极电流，已测出 $I_1=50\mu\text{A}$，$I_2=1\text{mA}$，$I_3=1.05\text{mA}$，则①为_______极，β 等于______。

7．进制转换：$(10101)_2=(\_\_\_\_\_\_\_\_)_{10}$。

8．写出下面逻辑图所表示的逻辑函数 $Y=$___________。

A B C ≥1 & Y

9．对共射电路来讲，发射极电阻属于________反馈。

10．存放 n 位二进制数，需要______个触发器。

四、综合题（每题 10 分，共 20 分）

1．下图所示电路中，三极管的 $\beta=100$，$r_{be}=1\text{k}\Omega$。

（1）现已测得静态管压降 $U_{CEQ}=6\text{V}$，估算 R_b 为多少千欧；

（2）若测得 u_i 和 u_o 的有效值分别为 1mV 和 100mV，则电压放大倍数为多少？

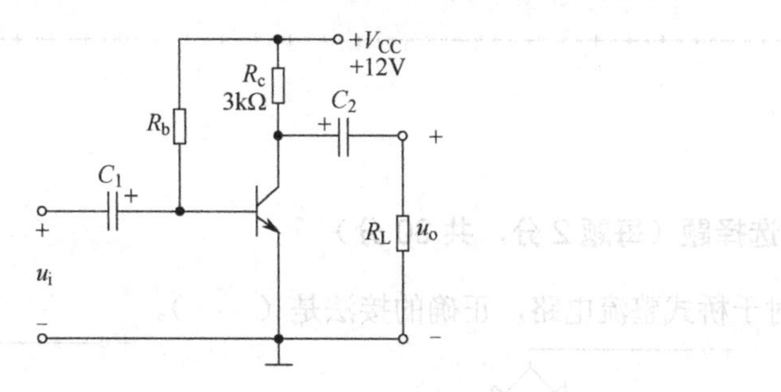

2．某中等职业学校规定机电专业的学生，至少取得钳工（A）、车工（B）、电工（C）中级技能证书的任意两种，才允许毕业（Y）。试根据上述要求：

（1）列出真值表；

（2）写出逻辑表达式，并化简成最简的与非-与非式；

（3）用与非门画出完成上述功能的逻辑电路。

综合检测卷（六）

一、选择题（每题 2 分，共 30 分）

1．对于桥式整流电路，正确的接法是（　　）。

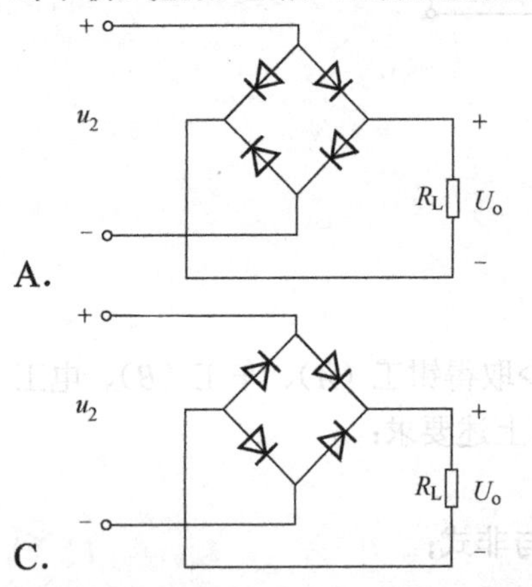

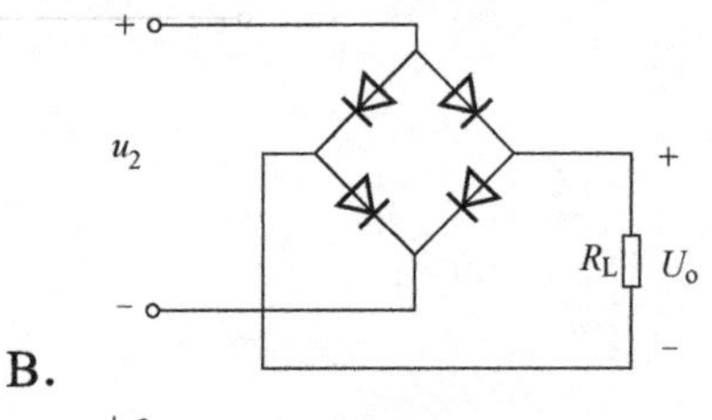

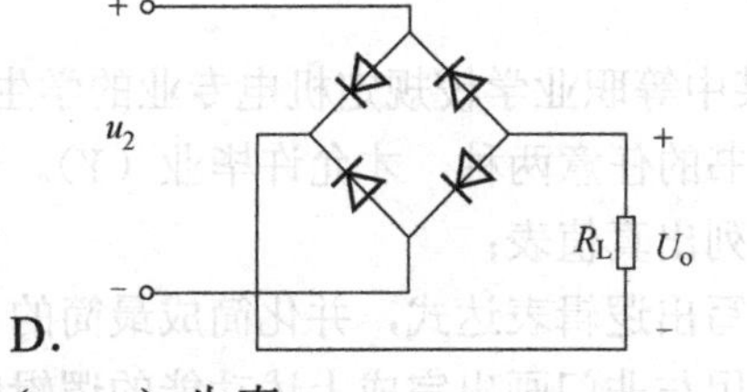

2．功率管工作在甲乙类状态的目的是消除（　　）失真。

A．交越　　B．饱和

C．截止　　D．非线性

3．抑制温漂（零漂）最常用的方法是采用（　　）电路。

A．差分放大　　B．负反馈

C．固定偏置　　D．分压式偏置

4．三极管是一种（　　）的半导体器件。

A．电压控制　　B．电流控制

C．既是电压又是电流控制　　D．功率控制

5．光敏二极管受光照后，其导电性能（　　）。

A．减弱　　B．增强

C．不变　　D．不确定

6．把电动势为 1.5V 的干电池的正极直接接到一个硅二极管的正极，负极直接接到硅二极管的负极，则该管（　　）。

A．基本正常　　B．将被击穿

C．将被损坏　　D．电流为零

7．满足 $I_C=\beta I_B$ 的关系时，三极管的工作在（　　）。

A．饱和区　　B．放大区

C．截止区　　D．击穿区

8．下列电路中，能实现交流放大的是（　　）。

A．（a）图　　B．（b）图　　C．（c）图　　D．（d）图

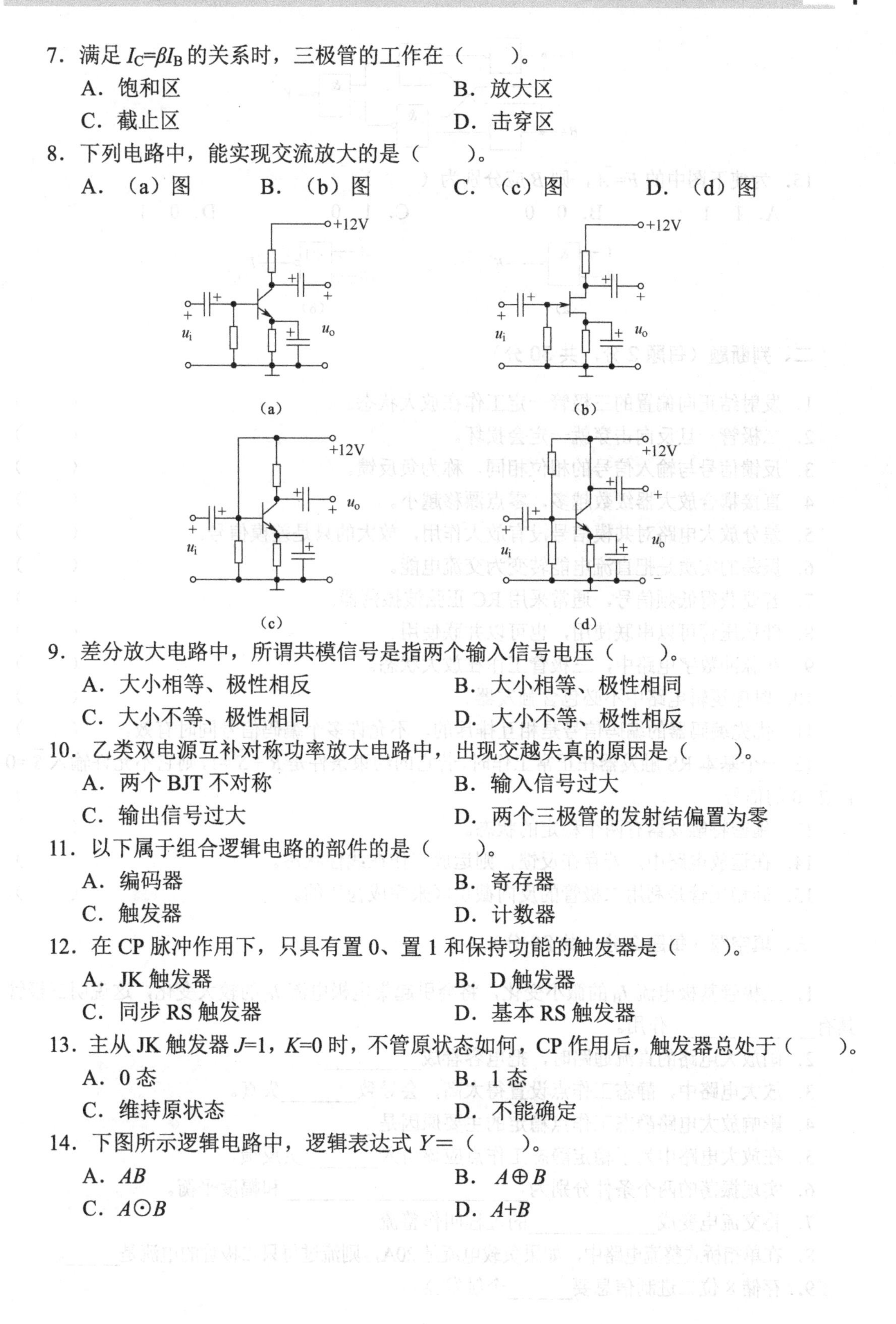

（a）　（b）　（c）　（d）

9．差分放大电路中，所谓共模信号是指两个输入信号电压（　　）。

A．大小相等、极性相反　　B．大小相等、极性相同

C．大小不等、极性相同　　D．大小不等、极性相反

10．乙类双电源互补对称功率放大电路中，出现交越失真的原因是（　　）。

A．两个 BJT 不对称　　B．输入信号过大

C．输出信号过大　　D．两个三极管的发射结偏置为零

11．以下属于组合逻辑电路的部件的是（　　）。

A．编码器　　B．寄存器

C．触发器　　D．计数器

12．在 CP 脉冲作用下，只具有置 0、置 1 和保持功能的触发器是（　　）。

A．JK 触发器　　B．D 触发器

C．同步 RS 触发器　　D．基本 RS 触发器

13．主从 JK 触发器 J=1，K=0 时，不管原状态如何，CP 作用后，触发器总处于（　　）。

A．0 态　　B．1 态

C．维持原状态　　D．不能确定

14．下图所示逻辑电路中，逻辑表达式 Y=（　　）。

A．AB　　B．$A\oplus B$

C．$A\odot B$　　D．$A+B$

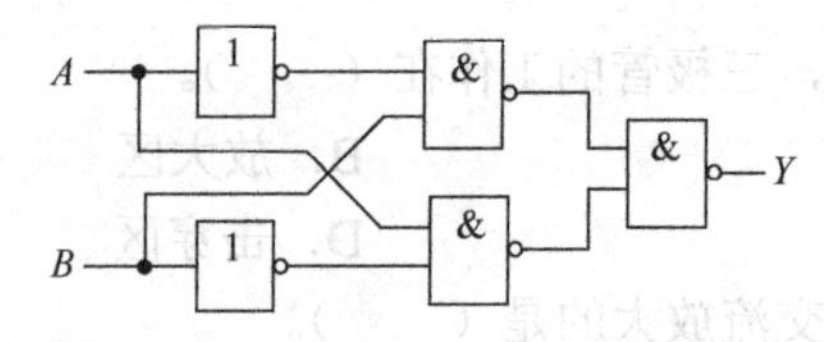

15．为使下图中的 $F=\overline{A}$，则 B 应分别为（　　）。

A. 1　1　　　B. 0　0　　　C. 1　0　　　D. 0　1

(a)　　　(b)

二、判断题（每题 2 分，共 30 分）

1．发射结正向偏置的三极管一定工作在放大状态。（　　）

2．二极管一旦反向击穿就一定会损坏。（　　）

3．反馈信号与输入信号的相位相同，称为负反馈。（　　）

4．直接耦合放大器级数越多，零点漂移越小。（　　）

5．差分放大电路对共模信号没有放大作用，放大的只是差模信号。（　　）

6．振荡的实质是把直流电能转变为交流电能。（　　）

7．若要获得低频信号，通常采用 RC 正弦波振荡器。（　　）

8．硅稳压管可以串联使用，也可以并联使用。（　　）

9．在脉冲数字电路中，三极管工作在放大状态。（　　）

10．时序逻辑电路中不必包含触发器。（　　）

11．优先编码器的编码信号是相互排斥的，不允许多个编码信号同时有效。（　　）

12．一个基本 RS 触发器在正常工作时，若它的约束条件是 $\overline{R}+\overline{S}=1$，则它不允许输入 $\overline{S}=0$ 且 $\overline{R}=0$ 的信号。（　　）

13．施密特触发器有两个稳定的状态。（　　）

14．在运放电路中，若存在反馈，则运放工作在线性状态。（　　）

15．硅稳压管是利用二极管的反向截止区来完成稳压的。（　　）

三、填空题（每题 2 分，共 20 分）

1．三极管基极电流 I_B 的微小变化，将会引起集电极电流 I_C 的较大变化，这说明三极管具有____________作用。

2．画放大电路的直流通路时，把电容看成__________。

3．放大电路中，静态工作点设置得太高，会导致________失真。

4．影响放大电路静态工作点稳定的主要原因是______。

5．在放大电路中为了稳定静态工作点应该引入________负反馈。

6．实现振荡的两个条件分别为______________________和幅度平衡。

7．将交流电变成____________的过程叫作整流。

8．在单相桥式整流电路中，如果负载电流是 20A，则流过每只二极管的电流是_____。

9．存储 8 位二进制信息要______个触发器。

10. 对于共阳极接法的发光二极管数码显示器，应采用______电平驱动的七段显示译码器。

四、综合题（每题 10 分，共 20 分）

1. 在如图所示电路中，已知 E_C =12V，R_{b1} =150kΩ，R_{b2} =50kΩ，R_L =2kΩ，R_e =1.15kΩ，U_{CEQ} =0.7V，R_c =2kΩ，β=50。

（1）该图中有 3 处错误，请指出在哪里，并改正；

（2）指出 R_e 和 C_e 的作用；

（3）根据改正的图，求静态工作点、输入电阻 R_i 、输出电阻 R_o 。

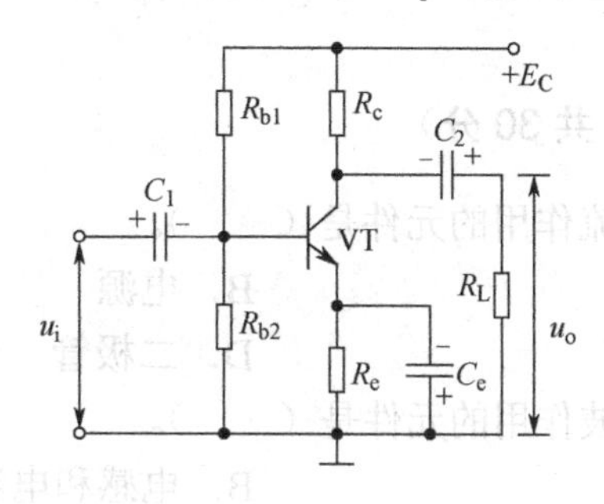

2. 分析下图电路的逻辑功能，要求：写出输出信号 *Y* 的逻辑表达式，列出真值表，并说明电路逻辑功能的特点。

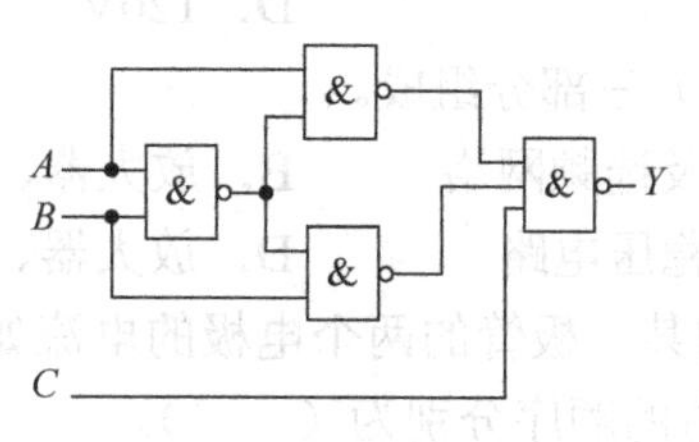

综合检测卷（七）

一、选择题（每题 2 分，共 30 分）

1．在整流电路中，起整流作用的元件是（　　）。

A．电阻　　B．电源

C．变压器　　D．二极管

2．在滤波电路中，起滤波作用的元件是（　　）。

A．电阻　　B．电感和电容

D．二极管　　C．变压器

3．在输入交流电的每半个周期内，桥式整流电路的导通二极管有（　　）。

A．1 只　　C．3 只

B．2 只　　D．4 只

4．在桥式整流电容滤波电路中，如果交流输入电压为 100V，则负载两端的电压为（　　）。

A．60V　　B．90V

C．100V　　D．120V

5．正弦波振荡器由（　　）三部分组成。

A．放大器、反馈网络及选频网络　　B．放大器、比较器及选频网络

C．放大器、比较器及稳压电路　　D．放大器、选频网络及稳压电路

6．测得工作在放大状态的某三极管的两个电极的电流如下图所示，那么第三个电极的电流大小、方向和引脚自左至右的顺序分别为（　　）。

A．0.03mA，流进三极管，c、e、b

B．0.03mA，流出三极管，c、e、b

C．0.03mA，流进三极管，e、c、b

D．0.03mA，流出三极管，e、c、b

1.2mA　1.23mA

7．下列可以作为无触点开关的是（　　）。

A．电容　　B．三极管

C．电阻　　　　D．导线

8．或门电路的逻辑功能是（　　）。

A．有0出1，全1出1　　　　B．有0出0，全1出1

C．有1出1，全1出0　　　　D．有1出1，全0出0

9．JK触发器在J、K端同时输入高电平时，处于（　　）状态。

A．置1　　　　B．置0

C．保持　　　　D．翻转

10．直流放大器通常采用的耦合方式是（　　）。

A．阻容耦合　　　　B．直接耦合

C．变压器耦合　　　　D．光电耦合

11．时序逻辑电路与组合逻辑电路的本质区别在于（　　）。

A．触发方式不同　　　　B．实现程序不同

C．是否具有记忆功能　　　　D．输入信号不同

12．对脉冲描述正确的是（　　）。

A．脉冲必须是周期性重复的　　　　B．脉冲可以是非周期性的

C．脉冲不能单次出现　　　　D．脉冲一般作用时间极长

13．放大器把信号放大，其能量供给情况是（　　）。

A．三极管把交流能量进行放大

B．三极管把小能量进行放大

C．把直流电源提供的能量转换成交流信号

D．放大器不消耗电能

14．电路如图所示，其中引入的反馈类型，正确的是（　　）。

A．电压并联直流负反馈　　　　B．电压并联交流负反馈

C．电流串联交流负反馈　　　　D．电流串联直流负反馈

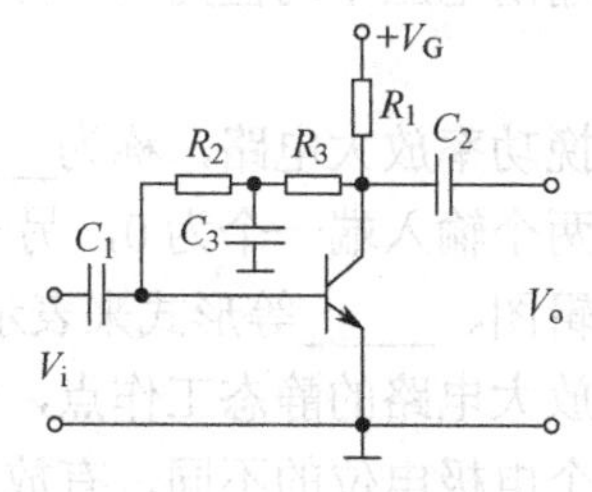

15．下列各图中，三极管处于饱和导通状态的是（　　）。

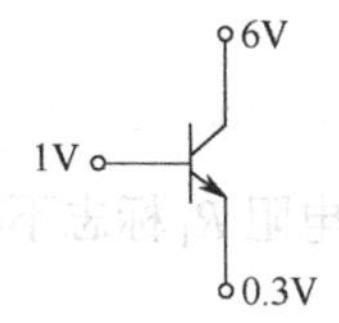

A.

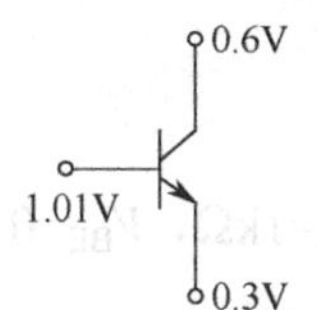

B.

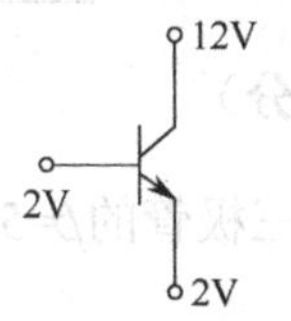

C.

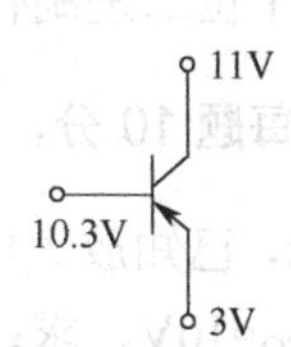

D.

二、判断题（每题 2 分，共 30 分）

1．放大器采用分压式偏置电路，主要是为了提高输入电阻。 (　　)

2．小信号交流放大器造成截止失真的原因是工作点选得太高，可以增大 R_b 使 I_B 减小，从而使工作点下降到所需要的位置。 (　　)

3．对共集电极电路而言，输出信号和输入信号同相。 (　　)

4．交流放大器也存在零点漂移，但它被限制在本级内部。 (　　)

5．同相运算放大器是一种电压串联负反馈放大器。 (　　)

6．只要有正反馈，电路就一定能产生正弦波振荡。 (　　)

7．多级放大器采用正反馈来提高电压放大倍数。 (　　)

8．加在普通二极管上的反向电压不允许超过击穿电压。 (　　)

9．正弦波是一种特殊形式的脉冲信号。 (　　)

10．时序逻辑电路具有记忆功能。 (　　)

11．如果 A=1，B=0，C=0，则 $Y=A+BC=1$。 (　　)

12．由逻辑函数可以列出真值表，由真值表也可以写出逻辑函数。 (　　)

13．寄存器存放数码的方式有并行输入和串行输入两种，而取出数码的方式只有串行输出一种。 (　　)

14．三极管无论工作在何种工作状态，电流 $I_e=I_b+I_c=(1+\beta)I_b$ 总是成立的。 (　　)

15．三极管的输出特性可分为三个区域：截止区、放大区和饱和区。 (　　)

三、填空题（每题 2 分，共 20 分）

1．衡量直流放大器零点漂移程度的指标是____________________。

2．滤波的目的在于去除脉动电流中的______________分量。

3．要求放大电路输入电阻大、输出电阻小，可采用______________反馈。

4．半波整流电路中，若保证输出电压平均值为 4.5V，则变压器次级电压的有效值应为__________。

5．单电源供电的互补对称推挽功率放大电路，称为______电路。

6．与非门的逻辑功能是：当两个输入端一个为 0，另一个为 1 时，输出为______。

7．逻辑函数常用表达式、逻辑图、______等形式来表示。

8．在实际应用中，为了稳定放大电路的静态工作点，常采用_______放大电路。

9．三极管在电路中根据其三个电极电位的不同，有放大和______两种作用。

10．用以存放 1 位二进制代码的电路称为__________。

四、综合题（每题 10 分，共 20 分）

1．如下图所示，已知放大电路中三极管的 β=50，r_{be}=1kΩ，V_{BE}=0.7V，电阻 R_1 标志不清，现用万用表测得 V_{CQ}=10V，求：

（1）I_{CQ}、V_{BQ} 和 R_1 的值；

（2）放大器的输入电阻 R_i 和输出电阻 R_o；

（3）空载时的电压放大倍数 A_V 和有载时的电压放大倍数 A_{VL}。

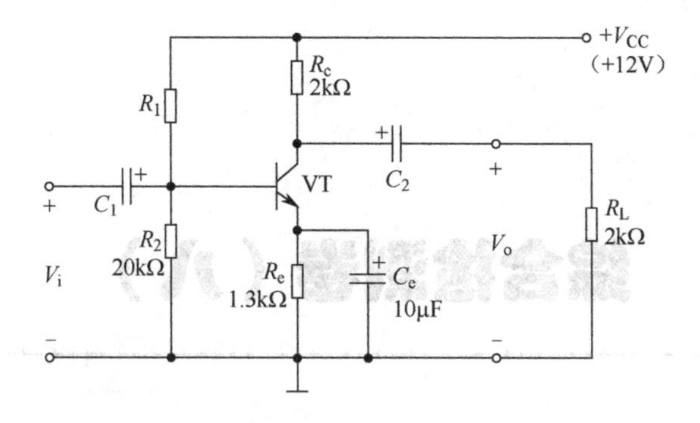

2．一台机器的控制系统有 A、B、C 三个输入端，当 A=0、B=1、C=0 或 A=1、B=0、C=0 或 A=0、B=0、C=1 时，该系统输出控制信号（高电平 Y=1），A、B、C 为其他输入组合时，不输出控制信号（低电平 Y=0），请用与非门设计该控制系统（要求列出真值表、写出逻辑表达式、画出逻辑图）。

综合检测卷（八）

一、选择题（每题 2 分，共 30 分）

1．三端稳定器 CW7912 接入电路中，它输出的电压是（　　）。

A．12V　　B．10V

C．2V　　D．−12V

2．在桥式整流电容滤波电路中，若被整流的交流电的电压有效值为 10V，在负载开路时和带负载时，整流电路的输出电压分别为（　　）。

A．14V，12V　　B．12V，10V

C．10V，9V　　D．16V，14V

3．单管放大电路设置静态工作点是为了使三极管在（　　）。

A．饱和区　　B．放大区

C．截止区　　D．三个区任意过渡

4．与甲类功放器比较，乙类功放器的主要优点是（　　）。

A．放大倍数大　　B．效率高

C．无交越失真　　D．有交越失真

5．有一放大电路需要稳定输出电压，提高输入电阻，则需引入（　　）。

A．电压串联负反馈　　B．电流串联负反馈

C．电压并联负反馈　　D．电流并联负反馈

6．在单相桥式整流电容滤波电路中，若发生负载开路情况时，则输出电压为（　　）。

A．$0.45U_2$　　B．$0.9U_2$　　C．$\sqrt{2}\,U_2$　　D．$2\sqrt{2}\,U_2$

7．正反馈振荡器的振荡频率取决于（　　）。

A．电路的放大倍数　　B．正反馈的强度

C．触发信号的频率　　D．选频网络的参数

8．解决共射放大器截止失真的方法是（　　）。

A．增大 R_b　　B．增大 R_c

C．减小 R_b　　D．减小 R_c

9．$Y=\overline{AB}$、$A\overline{B}$ 的简化式为（　　）。

A．$\overline{AB}+A\overline{B}$　　B．$\overline{A}B+\overline{AB}$

C．$\overline{A}B+A\overline{B}$　　D．$A\overline{B}$

10．当 $A=B=0$ 时，能实现 $Y=1$ 的逻辑运算是（　　）。

A．$Y=AB$　　B．$Y=A+B$

C．$Y=\overline{A+B}$　　D．$Y=\overline{\overline{A+B}}$

11．28 用 8421BCD 码表示为（　　）。

A．00101000　　B．00111000

C．00101001　　D．00101100

12．若译码驱动输出为低电平，则显示器应选用（　　）。

A．共阴极显示器　　B．共阳极显示器

C．两者均可　　D．不能确定

13．构成计数器的基本电路是（　　）。

A．与门　　B．555

C．非 1J　　D．触发器

14．若 JK 触发器的 $J=1$，$K=0$，当触发脉冲触发后，Q 的状态为（　　）。

A．0　　B．1

C．与 K 一致　　D．不定

15．时序逻辑电路与组合逻辑电路的本质区别在于（　　）。

A．结构不同　　B．实现程序不同　　C．是否具有记忆功能

二、判断题（每题 2 分，共 30 分）

1．二极管的反向电流越大，说明二极管的单向导电性越好。（　　）

2．多级放大器的通频带比组成它的单级放大器的通频带宽。（　　）

3．直接耦合放大器易集成化。（　　）

4．放大器具有能量放大作用。（　　）

5．差分放大器对称程度越差，抑制零漂能力越弱。（　　）

6．自激振荡电路中的反馈都为正反馈，若引入负反馈，则会停振。（　　）

7．数字电路比模拟电路更易集成化和系列化，抗干扰能力更强。（　　）

8．逻辑 1 大于逻辑 0。（　　）

9．射极输出器电压放大倍数小于 1 且接近于 1，所以射极输出器不是放大器。（　　）

10．A/D 转换是指将模拟量信号转换成数字量信号。（　　）

11．负反馈对放大器的输入电阻和输出电阻都有影响。（　　）

12．集成运算放大器是具有高放大倍数的直接耦合放大电路。（　　）

13．组合电路的特点：任意时刻的输出都与电路的原状态有关。（　　）

14．触发器是构成时序逻辑电路的基本单元。（　　）

15．JK 触发器是一种全功能的触发器。（　　）

三、填空题（每题 2 分，共 20 分）

1．在桥式整流电路中，若输出电压为 9V，负载中的电流为 1A，则每个整流二极管应承受的反向电压为________。

2．已知右图中三极管各电极的电位，该三极管处于______工作状态。

6V
2V
3.5V

3．放大器能否正常工作的首要条件是有合适的_________。

4．对于单管共射放大电路而言，输出信号与输入信号相位______。

5．RC 桥式振荡器的振荡频率 f_0= _______。

6．集成运放线性应用时，电路中必须引入____才能保证集成运放工作在线性区。

7．三极管工作在放大状态时，其集电极电流与基极电流的关系是______。

8．能实现“有 1 则 1，全 0 为 0”的门电路是_________。

9．________触发器存在“空翻”现象。

10．组合逻辑电路通常由________电路构成。

四、综合题（每题 10 分，共 20 分）

1．下图为固定偏置放大电路的电路图，已知 R_c=3kΩ，R_b=300kΩ，β=50，V_{CC}=12V。

（1）画出直流通路和交流通路。（4 分）

（2）估算静态工作点 I_{BQ}、I_{CQ}、U_{CEQ}。（6 分）

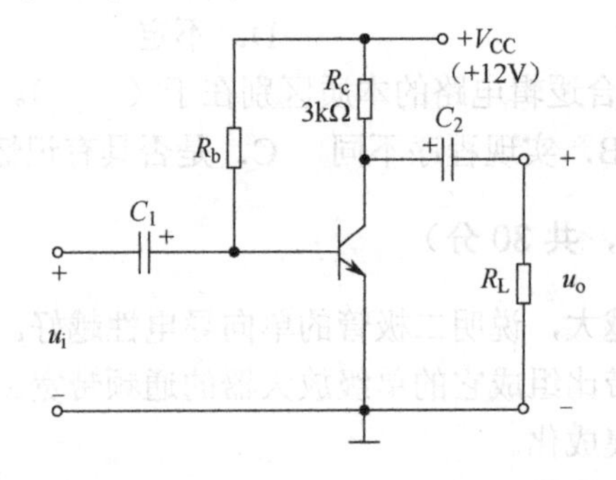

2．电路如下图所示，试分析：

（1）前级由运放 A1 构成的电路是什么电路？当 R_1=R_2时，写出 V_{O1}与 V_{I1}之间的关系式；

（2）当 R_1=R_2时，写出 V_O与 V_{I1}、V_{I2}之间的关系式，且 R_3=R_4=R_5时，若 V_{I1}=1V，V_{I2}=0.2V，求 V_O。

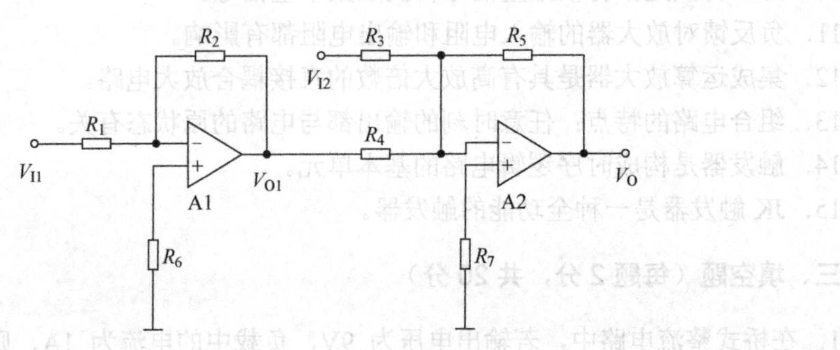

综合检测卷（九）

一、选择题（每题 2 分，共 30 分）

1．硅二极管的导通电压为（　　）。

A．0.2V　　B．0.3V

C．0.5V　　D．0.7V

2．二极管的内部是由（　　）构成的。

A．两块 P 型半导体　　B．两块 N 型半导体

C．一个 PN 结　　D．两个 PN 结

3．二极管的伏安特性曲线反映的是二极管（　　）的关系曲线。

A．$V_D—I_D$　　B．$V_D—R_D$

C．$I_D—R_D$　　D．$f—I_D$

4．二极管的正极电位是−10V，负极电位是−5V，则该二极管处于（　　）状态。

A．导通　　B．截止

C．击穿　　D．热击穿

5．用万用表测得 PNP 型三极管的三个电极的电位分别是 V_C=−6V、V_B=0.7V、V_E=1V，则该管工作在（　　）状态。

A．放大　　B．截止

C．饱和　　D．损坏

6．在三极管的输出特性曲线中，当 I_B 减小时，它对应的输出特性曲线（　　）。

A．向下平移　　B．向上平移

C．向左平移　　D．向右平移

7．在桥式整流电路中，若有一只整流二极管开路，则（　　）。

A．可能烧毁元器件　　B．输出电流变大

C．电路变为半波整流　　D．输出电压为 0

8．共集电极电路的反馈类型是（　　）。

A．电压串联负反馈　　B．电流并联负反馈

C．电压并联负反馈　　D．电流串联负反馈

9．画放大电路的直流通路时，将电容视为（　　）。

A．短路　　B．开路

C．不变　　D．不做任何处理

10．在共射放大电路中，偏置电阻 R_b 增大，三极管的（　　）。

A．V_{CE} 减小　　B．I_C 减小

C．I_C 增大　　D．I_B 增大

11．若三级放大电路的电压增益 $G_{V1}=G_{V2}=30dB$，$G_{V3}=20dB$，电路将输入信号放大了（　　）dB。

A．80　　B．800

C．10000　　D．18000

12．由真值表可得出其逻辑表达式为（　　）。

A．$Y=A+A\overline{B}$　　B．$Y=A+AB$

C．$Y=\overline{A}+AB$　　D．$Y=A+\overline{A}B$

A	B	Y
0	0	0
0	1	1
1	0	1
1	1	1

13．$Y=AB+A\overline{B}+\overline{A}B+\overline{AB}$ 化简得（　　）。

A．A　　B．B　　C．1　　D．0

14．同步 RS 触发器中，具有置 1 功能的状态是（　　）。

A．R=0，S=0　　B．R=0，S=1

C．R=1，S=0　　D．R=1，S=1

15．移位寄存器不能实现的功能是（　　）。

A．存储代码　　B．移位

C．数据的串行、并行转换　　D．计数

二、判断题（每题 2 分，共 30 分）

1．光敏二极管和发光二极管使用时都应接正向电压。（　　）

2．共射放大电路中，集电极电阻的作用是将三极管的电流放大作用以电压放大的形式表现出来。（　　）

3．共射放大电路中的耦合电容 C_1、C_2 的作用只有一个，就是保证输入信号和输出信号畅通地传输。（　　）

4．双电源的互补对称功率放大电路选用两个不同类型的功放管，让它们在电路中交替工作。（　　）

5．采用阻容耦合的前后级放大电路的静态工作点互相独立。（　　）

6．串联负反馈使输入电阻增大，并联负反馈使输入电阻减小。（　　）

7．因为 OTL 功率放大电路中的两个三极管工作在乙类状态，所以也存在着交越失真的问题。（　　）

8．选频放大器和正反馈电路是振荡器的两个基本组成部分。（　　）

9．只要有信号输入，差分放大电路就可以有效地放大输入信号。（　）

10．模拟信号在时间上是一种连续变化的量，而数字信号则是一种离散量。（　）

11．D触发器有两个输入端、两个输出端。（　）

12．二极管、三极管是常用的开关元件。（　）

13．最基本的逻辑关系是与、或、非。（　）

14．将实际问题转换成逻辑问题的第一步是要先写出逻辑表达式。（　）

15．编码的条件是必须满足$2^n \geqslant N$。（　）

三、填空题（每题2分，共20分）

1．三极管的放大作用是基极电流______集电极电流。

2．输入电压为20mV，输出电压为2V，放大电路的电压放大倍数为________。

3．温度升高对三极管各种参数的影响，最终将导致I_C________，静态工作点升高。

4．常用的组合逻辑电路有编码器、_______等。

5．理想运放的两个重要的结论是________和______。

6．零漂现象是指输入电压为零时，输出电压_____零值，出现忽大忽小的现象。

7．两输入端的或非门，其输入端为A、B，输出端为Y，则其表达式Y=______。

8．数码管采用共阴极接法，若仅a、b、c、d、g端输入高电平，则数码管显示数字______。

9．译码器的功能是将_____还原成给定的信号符号。

10．与门电路的逻辑功能是_______。

四、综合题（每题10分，共20分）

1．一个由理想运放组成的三极管β测量电路如下图所示，设三极管的$U_{BE}=0.7V$。

（1）求e、b、c各点的电位值；

（2）若电压表的读数为200V，试求被测三极管的β值。

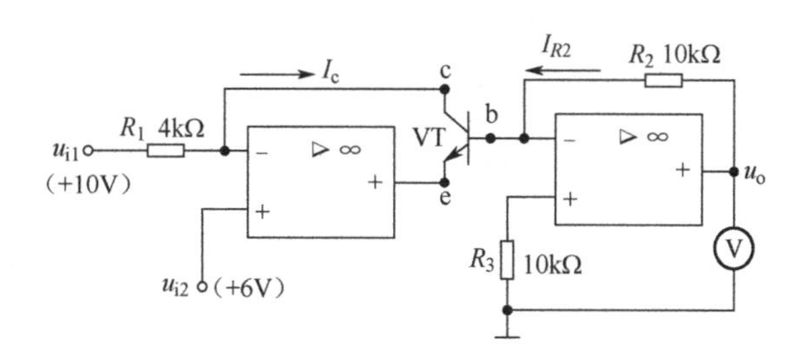

2．NPN 型三极管接成如图所示放大电路。试分析：

（1）已知 V_{CC}=15V，若要把放大器的静态集电极电流 I_C 调到 2.4mA，R_b 应为多大？

（2）若要把三极管的 U_{CEQ} 调到 5.4V，R_b 应为多大？

（3）已知三极管的 r_{be}=1kΩ，求电压放大倍数 A_u。

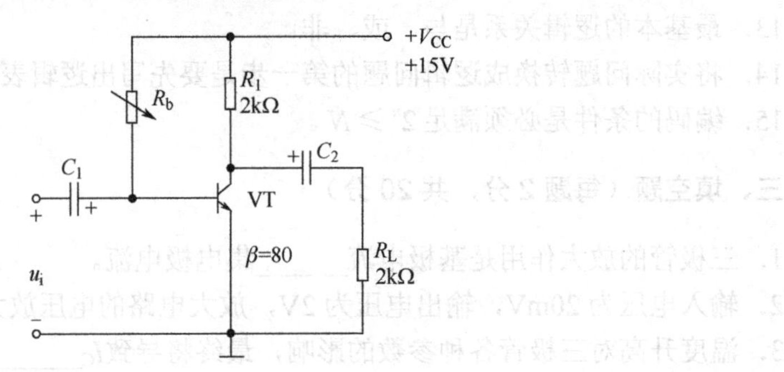

综合检测卷（十）

一、选择题（每题 2 分，共 30 分）

1. NPN 型三极管放大器中，若三极管的基极电位低于发射极电位，则（　　）。
   A. 三极管集电结正偏　　B. 三极管处于截止状态
   C. 三极管将深度饱和　　D. 无影响

2. 在单管基本放大电路中，偏置电阻 R_b 增大，则三极管的（　　）。
   A. U_{CEQ} 减小　　B. I_{CQ} 减小
   C. I_{CQ} 增大　　D. I_{BQ} 增大

3. 在固定偏置电路中，若测得 $U_{CE}=V_{CC}$，则可以判断三极管处于（　　）状态。
   A. 放大　　B. 饱和
   C. 截止　　D. 短路

4. 在 3 种组态的放大电路中，输入电阻大，且输出电阻小的是（　　）。
   A. 共射放大电路　　B. 共基放大电路
   C. 共集放大电路　　D. 无法确定

5. 在输入变量不变的情况下，若引入的反馈是负反馈，则使得（　　）。
   A. 输入电阻增大　　B. 输出量减小
   C. 净输入量增大　　D. 净输入量减小

6. 甲乙类功放的最大输出功率为（　　）。
   A. 50%　　B. 78.5%
   C. 30%　　D. 68%

7. 克服互补对称功放交越失真的有效措施是（　　）。
   A. 选择一个高频振荡电路
   B. 为输出管加上合适的偏置电压
   C. 加入自举电路
   D. 选用额定功率较大的功放管

8. 放大器引入负反馈后，其通频带 f_{BW}、放大倍数 A_u、信号失真情况是（　　）。
   A. f_{BW} 变窄，A_u 减小，信号失真减小
   B. f_{BW} 变窄，A_u 增大，信号失真减小
   C. f_{BW} 变宽，A_u 减小，信号失真减小

D. f_{BW}变窄，A_u增大，信号失真增大

9. 互补对称 OTL 功放电路完成对交流信号的倒相是在（　　）中。

A. 激励管　　B. NPN 功放管

C. PNP 功放管　　D. 输出耦合电容

10. 为消除交越失真，OTL 功放电路中功放管应工作在（　　）状态。

A. 饱和　　B. 截止

C. 放大　　D. 微导通

11. 边沿 JK 触发器中，具有置 1 功能的状态是（　　）。

A. $J=K=0$　　B. $J=K=1$

C. $J=1$，$K=0$　　D. $J=0$，$K=1$

12. 与门的逻辑功能是（　　）。

A. 有 1 出 1，全 0 为 0　　B. 有 0 出 0，全 1 为 1

C. 有 0 出 1，有 1 出 0　　D. 以上都不是

13. 三极管各电极对公共端电位如下图所示，则处于放大状态的硅三极管是（　　）。

A. 12V，−0.1V，0V　　B. 5V，0.5V，0.3V　　C. 2V，−2.3V，−3V　　D. 3.3V，3.7V，3V

14. 当温度升高时，半导体三极管的β、穿透电流、U_{BE}的变化为（　　）。

A. 大，大，基本不变　　B. 小，小，基本不变

C. 大，小，大　　D. 小，大，大

15. 在三极管放大电路中，若电路的静态工作点太低，将会产生（　　）。

A. 饱和失真　　B. 截止失真

C. 交越失真　　D. 不产生失真

二、判断题（每题 2 分，共 30 分）

1. 三极管的结构特点为基区掺杂浓度大，发射区很薄。（　　）

2. 当外界温度变化时，三极管的电流放大倍数也会发生变化，温度升高，放大倍数增大。（　　）

3. 三极管放大电路的输出信号能量由直流电源提供。（　　）

4. 在画放大电路的交流通路时，将电容和电源视为短路、电感视为开路，其余元件保留。（　　）

5. 多级放大器的输入电阻为第一级放大器的输入电阻。（　　）

6. 三极管的穿透电流越小，表明稳定性越差。（　　）

7. 阻容耦合的多级放大器是静态工作点相互独立的多级放大器。（　　）

8. 只要在电路中引入反馈，其闭环放大倍数就降低。（　　）

9. 负反馈改善放大器的性能均是以牺牲放大倍数为代价的。（　　）

10．差分放大器中，零点漂移折算到输入端相当于共模信号。（　　）

11．OCL 功放采用双电源供电。（　　）

12．虚短是指集成运放中，两个输入端的电位无限接近，但又不是真正短路的特点。（　　）

13．实现同一逻辑功能的逻辑电路是唯一的。（　　）

14．在数字电路中，采用的数码 0 和 1 表示两种不同的状态。（　　）

15．在与门电路后面加上非门，就构成了与非门电路。（　　）

三、填空题（每题 10 分，共 20 分）

1．某放大器的输入电压为 50mV，输出电压为 5V，此放大器的电压放大倍数为_______。

2．一个多级放大器由两级放大器组成，第一级电压放大倍数为 10，第二级电压放大倍数为 100，则该多级放大器的电压放大倍数为________。

3．三极管具有放大作用的外部电压条件是__________。

4．当 NPN 型三极管处于放大状态时，_________极电位最高。

5．已知三极管的集电极电流为 2mA，基极电流为 0.02mA，则三极管的发射极电流为________。

6．触发器是具有记忆功能的逻辑电路，每个触发器能够存储_______二进制信息。

7．在共阳数码管中，如果只有 a、b、c 端输入低电平，则显示数字为________。

8．要求 OTL 功放的输出功率为 10W，负载阻抗为 5Ω，则电源电压应为_______。

9．为减小信号源的负担，稳定输出电压，应该引入______反馈。

10．电路如图所示，其输出端 F 的逻辑状态为_________。

0 —[≥1]o—[1]o— F
1 —

四、综合题（每题 10 分，共 20 分）

1．已知 $R_1=R_2=20\text{k}\Omega$，$R_3=R_f=60\text{k}\Omega$，输入信号 $u_{i1}=1\text{V}$，$u_{i2}=1.2\text{V}$，求输出信号 u_o。（请写出推导过程）

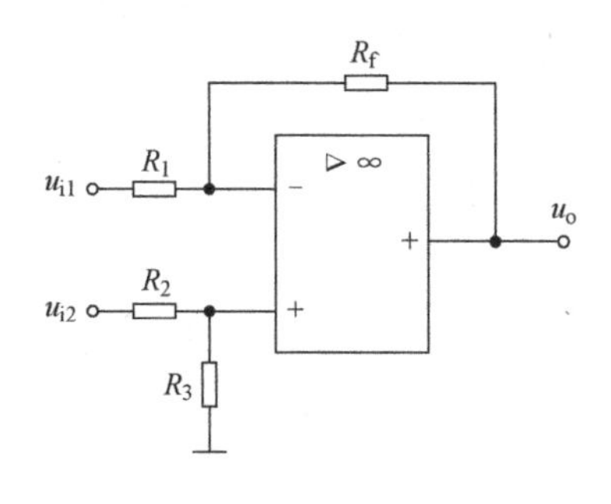

2．电路如图所示，已知$\beta=50$，$r_{bb'}=200\Omega$，U_{BEQ}=0.7V，V_{CC}=12V，$R_b=570k\Omega$，$R_c=4k\Omega$，$R_L=4k\Omega$。

（1）估算电路的静态工作点I_{BQ}、I_{CQ}、U_{CEQ}；

（2）计算交流参数A_u、R_i、R_o的值；

（3）如果输出电压信号产生顶部失真，那么是截止失真还是饱和失真？应调整哪个元件值？如何调？

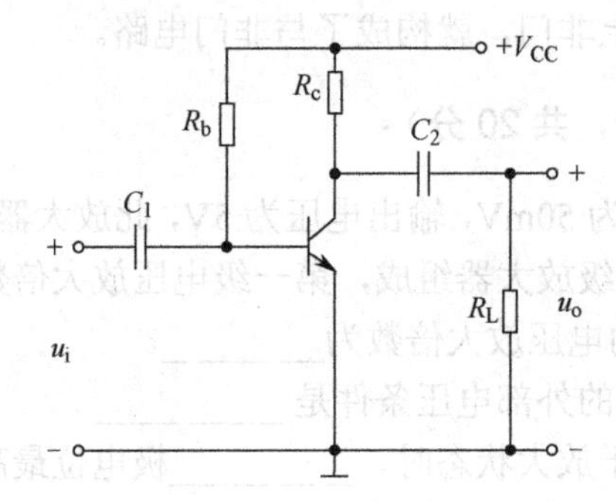